几何的荣光 3

周春荔　编著

電子工業出版社·
Publishing House of Electronics Industry
北京·BEIJING

内容简介

本套书通过一种全新的方式引领读者认识几何。本套书以几何研学行夏令营为背景，让青少年生动真实地感知几何和现实世界，通过访谈和实际操作活动，体验数学的思维心理过程，通过动手动脑、交流互动，体验解证几何问题的认知策略.

本套书分3册，共14个专题，涵盖了初等几何的主要内容。书中穿插介绍了中外数学家、几何学历史、数学文化与近代数学的相关知识，有助于青少年提振学习兴趣、开拓视野、丰富学识内涵.本套书凝聚了作者在几何教育上的心得与成果，是能够引领青少年漫游绚丽的几何园地的科普读物，另外本套书还能为中学几何教师和研究员提供相关的教学经验，为数学教育科普工作提供有益的参考资料.

图书在版编目（CIP）数据

几何的荣光. 3 / 周春荔编著. —北京：电子工业出版社，2024.2
ISBN 978-7-121-47417-0

Ⅰ. ①几… Ⅱ. ①周… Ⅲ. ①几何一青少年读物 Ⅳ. ①O18-49

中国国家版本馆CIP数据核字（2024）第039527号

责任编辑：葛卉婷　邓　峰
印　　刷：北京缤索印刷有限公司
装　　订：北京缤索印刷有限公司
出版发行：电子工业出版社
　　　　　北京市海淀区万寿路173信箱　　邮编：100036
开　　本：787×1092　　1/16　　印张：6.75　　字数：151.2千字
版　　次：2024年2月第1版
印　　次：2024年2月第1次印刷
定　　价：42.80元

凡所购买电子工业出版社图书有缺损问题，请向购买书店调换。若书店售缺，请与本社发行部联系，联系及邮购电话：（010）88254888，88258888。

质量投诉请发邮件至zlts@phei.com.cn，盗版侵权举报请发邮件至dbqq@phei.com.cn。

本书咨询联系方式：（010）88254052，dengf@phei.com.cn。

前 言

    数学的研究对象是现实世界的数量关系和空间形式，因此数和形是数学大厦的两大柱石，几何学自古以来就是数学大花园中的绚丽园地．在古希腊，柏拉图学院的门口挂着"不懂几何的人不得入内"的告示，欧几里得也对国王说过"几何学无王者之道"，这些无疑给几何园地增添了神秘奇趣的色彩．

    其实，几何学并不是一门枯燥无趣的学问，而是充满了让人们看不够的美丽的景色，生动而奇妙的传闻和故事，大胆的猜想和巧妙的论证，以及精美独特的解题妙招．它与现实世界存在不能割舍的血肉联系，它至今仍朝气蓬勃充满着生命的活力．

    培养人才的实践证明，在青少年时代打下平面几何的基础，对一个人的数学修养是极为关键的．大科学家牛顿曾说："几何学的光荣，在于它从很少的几条独立自主的原则出发，而得以完成如此之多的工作."1933年，爱因斯坦在英国牛津大学所作的《关于理论物理的方法》的演讲中，曾这样说道："我们推崇古希腊是西方科学的摇篮，在那里，世界第一次目睹了一个逻辑体系的奇迹，这个逻辑体系如此精密地一步一步推进，以致它的每一个命题都是绝对不容置疑的——我这里说的就是欧几里得几何．推理的这种可赞叹的胜利，使人类理智获得了为取得以后成就所必需的信心，如果欧几里得未能激起你少年时代的热情，那么你就不是一个天生的科学家."

    在沙雷金编著的俄罗斯《几何7~9年级》课本的前言中有这样一段极富哲理的话："精神的最高表现是理性，理性的最高显示是几何学．三角形是几何学的细胞，它像宇宙那样取之不尽；圆是几何学的灵魂，通晓圆不仅通晓几何学的灵魂，而且能召回自己的灵魂."平面几何的模型是直线、三角形和圆，非常之简单！而它对数学思维的训练效果却非常之大．学习平面几何，"投资少，收益大"，何乐而不为呢？实践经验证明：学习几何能锻炼一个人的思维，解答数学题，最重要的是培养一个人的钻研精神．这些都说明了平面几何的教育价值.

在青少年时期，通过对图形的认识了解几何知识是非常重要的. 图形的变形很有趣味，大家都尝过"七巧板"以及各种拼图带来的喜悦，它会激发人们动手、动脑，并通过操作去理解，通过探求去体验，通过结果品尝成功的喜悦. 通过图形认识数学、了解数学、体验数学活动，能使你真正体会到"数学是思维的体操"和数学之美，逐步形成和提高数学素养.

如何将图形问题变为生动活泼的、青少年喜闻乐见的几何知识，体现出"数学是智力的磨刀石，对于所有信奉教育的人而言，是一种不可缺少的思维训练"的育人作用，是一项有意义的数学教育科研实践课题.

本着上述的主旨，作者在朋友们的鼓励支持下试着动手收集、整理素材，开始研究本课题，并将其中部分成果试编成本书，将一些趣味的几何问题通过数学活动的形式展现出来，内容融汇了知识、故事、思维与方法，愿与读者共同分享和体验. 作者愿做读者的向导，引领大家走进几何王国，漫游绚丽的几何园地.

感谢电子工业出版社的贾贺、孙清先等同志在确定选题和支持写作方面给予作者的帮助. 没有大家的共同策划、支持、鼓励和帮助，本书不可能顺利地完成.

由于作者学识水平有限，殷切期待广大读者和数学同仁给予斧正，以期去芜存菁. 谢谢！

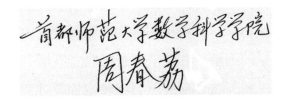

首都师范大学数学科学学院

周春荔

2021年6月

目 录

一、圆中趣闻妙题多　　001

1. 复原残破车轮　　002
2. 为什么车轮是圆的　　003
3. 如何求圆的面积　　004
4. 亚里士多德的诡论　　007
5. 圆中4个区域的面积和周长相等　　008
6. 截弦相等吗　　009
7. 内接半圆的正方形　　010
8. 皮匠刀形问题　　011
9. 卵形的周长与面积　　013
10. 硬币绕硬币转动的问题　　014
11. 登高望远　　015
12. 圆周角的一个应用　　016
13. 不用量角器如何确定角的度数　　016
14. 头走得远还是脚走得远　　018
15. 五圆共点问题　　019
16. 地图问题　　020
17. 关于圆周率π的认知　　021
18. 传动带的长度　　024
19. 齿轮传动系统能转动吗　　026
20. 莱洛三角形　　027
21. 正五角星形的尺规作图　　029
22. 从五点共圆问题的证明谈起　　031

二、妙手回春绘真图　　034

1. 大板尺作角平分线　　035
2. 作过不可到达点的直线　　036
3. 只用直角尺作2倍已知线段　　037
4. 只用圆规作4倍已知线段　　038
5. 作不见顶点的角的平分线　　039
6. 用直角尺作线段中点　　040
7. 过一点作半圆直径的垂线　　042
8. 平分斜扇形的面积　　043
9. 作对称点　　044
10. 拿破仑四等分圆问题　　045
11. 生锈圆规作图　　046

三、统筹安排巧设计　　048

1. 游园路线　　049
2. 比高矮问题　　050
3. 一个道路设计问题　　051
4. 连接6个村镇的公路设计　　052
5. 兔子逃逸问题　　054
6. 旅行家从哪里出发　　055
7. 不被观测的行星　　057
8. 麦场设置问题　　058
9. 最短路径问题　　059

10. 站台设置问题   060

11. 长途车站的设置   062

四、形海拾贝纵横谈   064

1. 华罗庚估算稻叶的面积   065

2. 蚂蚁沿多边形爬行一周的转角和   067

3. 单位正方形裂痕问题   068

4. 最少几颗同步卫星   069

5. 有趣的四色问题   071

6. 柳卡问题   073

7. 哈密尔顿环游世界问题   074

8. 七桥问题   077

9. 奇妙的莫比乌斯带   079

10. 雪花曲线   081

11. 高斯与正十七边形的尺规作图   084

12. 三大尺规作图问题古今谈   087

13. 正多边形地砖铺砌平面   090

14. 一道做了两千年的证明题   096

一、圆中趣闻妙题多

圆是几何学的灵魂，通晓圆不仅通晓
几何学的灵魂，而且能召回自己的灵魂.

——沙雷金

兴趣小组是夏令营的一种日常活动形式. 营员们组成了几个专题兴趣小组，有的访问数学老师，有的访问有关的科技工作者，还有的到图书馆阅览室查阅图书报刊资料，积累素材，为每周一次的专题报告做准备.

圆的专题兴趣小组收集了许多关于圆的知识和趣味故事，今天向全体营员作阶段学习汇报.

1. 复原残破车轮

某地中学生考古小组挖掘出一个古代车轮残部，如图1.1.1（a）所示. 今要复原这个车轮，请你确定这个车轮外圆的大小.

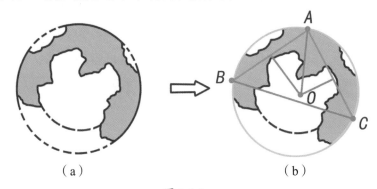

（a）　　　　　　　　　　　（b）

图 1.1.1

分析：因为车轮是圆形的，要复原车轮，就要根据车轮残部设法确定车轮外圆的大小.

我们知道，只要圆心和半径确定了，圆也就确定了.

我们还知道，过不共线的3个点可以确定一个圆.

作法是，不共线的3个点一定可以构成一个△ABC，3条边AB，BC，CA的中垂线交于一点O，这个点O就是过A，B，C3点画出的圆的圆心，以O为圆心，OA为半径画圆，这个圆就是△ABC的外接圆.

作法：如图1.1.1（b）所示.

（1）在残破车轮外圆上任取3个点A，B，C；

（2）作线段AB，AC的垂直平分线；

（3）设这两条垂直平分线的交点为O.

则O就是残破车轮外圆的圆心，OA为残破车轮的半径.

因此残破车轮的外圆可以复原.

2. 为什么车轮是圆的

大家可以看到，汽车、火车、飞机的车轮都是圆形的. 难道车轮不能做成正方形的吗？

道理其实很简单，因为根据圆的定义，圆心到圆周各点的距离等于定值，当车轴在圆心处时，车轴与路面的距离是个定值，因此车可以平稳行驶，坐在车上的人也可以免受颠簸之苦. 所以车轮做成圆形的方便车辆在平地上行驶.

难道车轮真的不能做成正方形的吗？我们做一个边长为 2 的正方形车轮，车轴在正方形的中心，如果车辆在平地上行驶，轴距地面最低为1，最高为 $\sqrt{2} \approx 1.4142$，车轮会反复地一高一低，周期性地颠簸不止. 为了克服周期性的颠簸就要将路面改造为波浪形的曲面. 但车轮尺寸不同，地面波浪形曲面的设计就会不同，并且车轮形状不同（如椭圆形、正五边形等），地面的设计也会不同，若是这样，为了适应每一种车轮要修建一种路面，事实上很难实现. 因此车轮做成圆形是由圆的"一中同长"的特性决定的.

圆与正多边形都是轴对称图形，也都是中心对称图形. 但不同点在于，正多边形的对称轴只有有限多条，而每条过圆心的直线都是圆的对称轴，圆的对称轴有无穷多条.

思考题：平面上有⊙O_1、⊙O_2两个圆，如图1.2.1所示，请你设法作一条直线，平分两个圆的面积.

图 1.2.1　　　　　　　　　　图 1.2.2

提示：根据圆的对称性，连接圆心的直线O_1O_2即可平分两个圆的面积，如图1.2.2所示.

3. 如何求圆的面积

古人求圆面积是凭经验公式. 比如，古埃及的纸草文献中（约公元前1650年），就记载有圆面积的经验公式：设圆的直径为d，圆面积为S，则

$S = \dfrac{8}{9}d^2$. 相传这个公式是从数谷粒中归纳出来的. 如图1.3.1所示，作圆的外切正方形，将谷粒放满以圆的直径为边长的圆外切正方形中，然后数圆面中的谷粒数，看它占圆外切正方形中谷粒总数的比例，这个数值约是$\dfrac{8}{9}$.从多次实验结果归纳得出：圆的面积 S 等于以圆的直径为边的正方形面积的$\dfrac{8}{9}$.

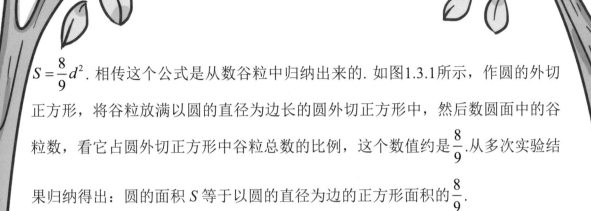

图 1.3.1

大家知道圆的半径记为r，直径记为d，周长记为C，面积记为S，如图1.3.1所示，则有

$$d = 2r, \quad C = 2\pi r = \pi d, \quad S = \pi r^2.$$

其中，π为圆周率，即圆的周长与直径的比值.

在实际应用中，圆的半径有时不容易直接测量，所以圆的面积可以利用圆的直径或圆周长的数据来计算.

已知圆的直径计算圆的面积：

由 $d = 2r$，得 $r = \dfrac{d}{2}$，代入圆面积公式得

$$S = \pi r^2 = \pi \left(\dfrac{d}{2}\right)^2 = \dfrac{d^2}{\left(\dfrac{4}{\pi}\right)} \approx \dfrac{d^2}{1.273}.$$

圆的面积等于直径的平方除以1.273，这也是于振善尺算法计算圆面积的公式.

已知圆的周长计算圆的面积：

由 $C = 2\pi r \Rightarrow r = \dfrac{C}{2\pi}$，代入圆面积公式得：

$$S = \pi r^2 = \pi \left(\frac{C}{2\pi}\right)^2 = \frac{C^2}{4\pi}.$$

如果我们对计算结果要求精度不高，可以取 $\pi \approx 3$，得

$$S = \frac{C^2}{4\pi} \approx \frac{C^2}{12} \approx C^2 \times 0.083 \approx C^2 \times 8\%.$$

注意，由于 $\dfrac{C^2}{12}$ 比 S 大，而 $C^2 \times 8\%$ 比 $\dfrac{C^2}{12}$ 小，所以 $S = C^2 \times 8\%$ 虽然是经过两次近似得到的近似公式，其精度不一定比 $\dfrac{C^2}{12}$ 低.

比如，我们要求一棵非常粗的古银杏树树干部分的体积时，需要先求树的横截面圆的面积，就可以用绳子量树的横截面圆的周长，利用上面的公式求得横截面圆的面积.

检测你的观察力和智慧，请你回答：如图1.3.2所示是一个对称的图形，问黄色部分面积大还是蓝色部分面积大？

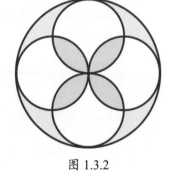

图 1.3.2

答案：一样大.

理由：因为这个图形是对称图形，4个小圆半径相等，且恰好是大圆半径的一半。

这样，每个小圆面积等于大圆面积的 $\dfrac{1}{4}$，4个小圆面积之和正好等于大圆面积.

蓝色部分是4个小圆重叠的部分，而黄色部分则是由于重叠而空余出来的部分，所以黄色部分面积恰等于蓝色部分面积.

你做对了吗？

4. 亚里士多德的诡论

两个圆大小不同，大圆的半径大，小圆的半径小，这是显而易见的事实。可是古希腊爱好辩论的哲学家亚里士多德偏偏与人们"唱反调"，他说："大圆也好，小圆也罢，我可以证明，它们的半径都相等。"他是这样证明的：如图1.4.1所示，将大圆和小圆看成同心圆，设大圆半径$OA=R$，小圆半径$OB=r$。让大圆沿一条直线滚动一圈，大圆上的一点A滚动到A'点，直线段AA'的长等于大圆的周长，即$AA'=2\pi R$。

图 1.4.1

因为小圆与大圆同心，大圆滚动一圈，小圆也滚动一圈，小圆上的点B滚到了B'点。于是同样有$BB'=2\pi r$。

由于$ABB'A'$是矩形，所以$AA'=BB'$，也就是$2\pi R=2\pi r$，因此$R=r$。这不就表明大圆和小圆的半径一样大嘛！推而广之，世界上所有的圆半径都一样大呀！真乃荒谬之极也！

亚里士多德的诡论错在何处呢？

其实大圆做的是没有滑动的纯滚动，而小圆却是由大圆带着一边滚动一边滑动。因此BB'实际大于小圆的周长，$BB'=2\pi(r+AB)=2\pi r+2\pi(R-r)$。由于人们忽略了小圆滑动的部分，才产生了这样的错误。

大家知道，古希腊人经常为真理而辩论，正是在这种辩论中，使得人们认识了真理，排除了错误！

5. 圆中4个区域的面积和周长相等

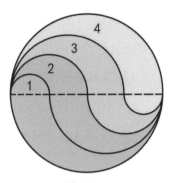

图 1.5.1

一个圆被连接它的水平直径端点的3条曲线分为如图1.5.1所示的4个区域.每条曲线由两个半圆组成并且与直径的交点分直径为4个相等的部分.证明：形成的4个区域具有相等的面积和周长.

如图1.5.1所示将各区域涂上不同的底色. 记$S(n)$为半径为n的半圆的面积，$S(n) = \dfrac{\pi n^2}{2}$. 区域4的面积为半径为1的半圆的面积加上半径为4和3的两个半圆面积的差，这意味着，它的面积等于

$$S(1) + [S(4) - S(3)] = \frac{\pi}{2}(1^2 + 4^2 - 3^2) = 4\pi.$$

类似地，区域3的面积等于

$$[S(3) - S(2)] + [S(2) - S(1)] = S(3) - S(1) = \frac{\pi}{2}(3^2 - 1^2) = 4\pi.$$

区域2和区域1与区域3和区域4关于圆心对称，所以它们的面积也都等于4π，问题得证.

大家再分别计算4个区域的周长，4个区域的周长都是8π. 因此，这4个区域面积相等且周长也相等.

如果要将一个圆分为面积相等且周长也相等的4部分，你会作图了吧？

想一想，还有没有其他方法可以分圆为面积相等且周长也相等的4部分？

6. 截弦相等吗

如图1.6.1（a）所示的内切于 A 点的3个圆，把大圆直径三等分（即 $AO_2=O_2F=FB$ ），则大圆的弦 AE 一定被另两圆的交点三等分（即 $AC=CD=DE$ ）．

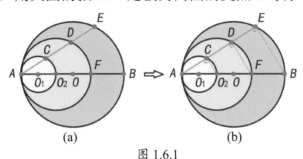

图 1.6.1

这个事实显然成立，如图1.6.1（b）所示，连接 O_2C ， FD ， BE ．

由于直径所对的圆周角为直角，所以

$$O_2C \perp AE, \quad FD \perp AE, \quad BE \perp AE,$$

所以

$$O_2C /\!/ FD /\!/ BE.$$

由于

$$AO_2=O_2F=FB,$$

根据平行截割定理，有

$$AC=CD=DE.$$

显然，这个事实可以推广到3个，4个，……， n 个内切于 A 点的 n 个圆．一般地， n 个内切于 A 点的 n 个圆分最大圆的直径 AB 为 n 条成比例的线段，比例为 $m_1:m_2:m_3:\cdots:m_n$ ，则过 A 点的大圆的任一条弦 AE 也被弦 AE 分别与这些圆的交点分为比例为 $m_1:m_2:m_3:\cdots:m_n$ 的 n 条线段．

7. 内接半圆的正方形

如图1.7.1所示，MN是圆O的一条直径，$ABCD$是一个正方形，BC在MN上，A，D在圆O上.如果正方形的面积等于8，求圆O的面积.

欲求圆的面积，需知圆的半径.如何通过正方形$ABCD$的面积求得圆的半径呢？

根据圆的对称性，过O作直径MN的垂线，连接OD，则OD是圆的半径.如图1.7.2所示，在$Rt\triangle OCD$中，$OC = \dfrac{1}{2}CD$，只要知道正方形$ABCD$的边长CD，由勾股定理即可求出OD^2.至此思路已经清晰.

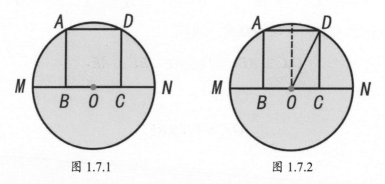

图 1.7.1   图 1.7.2

解：由正方形的面积等于8，易知$CD = 2\sqrt{2}$，$OC = \sqrt{2}$.
由勾股定理可得

$$OD^2 = \left(\sqrt{2}\right)^2 + \left(2\sqrt{2}\right)^2 = 10，$$

因此，

$$\odot O \text{ 的面积} = \pi OD^2 = 10\pi.$$

这是一个圆的基本知识与勾股定理的综合应用问题，观察、心算即可求得结果.

思考题：如图1.7.3所示，MN是圆O的一条直径. $ABCD$是一个正方形，BC在MN上，A，D在$\odot O$上. $CFPE$也是正方形，E在CD上，P在$\overset{\frown}{DN}$上，F在CN上. 如果正方形$ABCD$的面积是8，求绿色正方形$CEPF$的面积.

答案：绿色正方形$CEPF$的面积等于2.

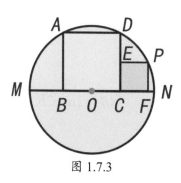

图 1.7.3

8. 皮匠刀形问题

如图1.8.1所示，点C在线段AB上，分别以AB，AC，CB为直径画3个半圆，形成的阴影图形称作"皮匠刀形". 过点C作AB的垂线交大半圆于D，两个小半

圆的外公切线是EF.

求证：$CD=EF$.

证明：如图1.8.2所示，设$O_1C=a$，$CO_2=b$，

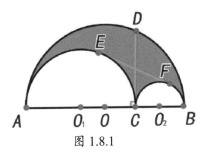

图 1.8.1

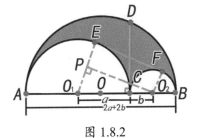

图 1.8.2

则

$$AB = 2a + 2b.$$

易知

$$CD^2 = AC \times CB,$$

所以

$$CD^2 = 2a \times 2b = 4ab. \qquad \text{①}$$

连接O_1E，O_2F，过O_2作EF的平行线交O_1E于P，

易知$\triangle O_1O_2P$中，

$$\angle O_2PO_1 = 90°，\quad O_1P = a-b，\quad O_1O_2 = a+b，$$

所以

$$EF^2 = O_2P^2 = O_1O_2{}^2 - O_1P^2 = (a+b)^2 - (a-b)^2 = 4ab. \quad \text{②}$$

由①②得

$$CD^2 = EF^2，$$

所以

$$CD = EF.$$

9. 卵形的周长与面积

如图1.9.1所示，以长为4厘米的线段AB的中点O为圆心、2厘米为半径画圆，交AB的中垂线于点E和F. 再分别以A，B为圆心、4厘米为半径画两条圆弧，依次交AE于C，交BE于D. 最后以E为圆心、$(4-2\sqrt{2})$厘米为半径画圆弧$\overparen{DC}$.

试求卵形$\overparen{AFBCDA}$的周长.（答案中圆周率用π表示）

图 1.9.1

解：因为$AO=OB=2$，

所以，$AB=AC=BD=4$，$AE=BE=2\sqrt{2}$，$ED=EC=4-2\sqrt{2}$.
又$\angle AEB=\angle CED=90°$，$\angle EAB=\angle EBA=45°$.

因此，半圆$\overparen{AFB}$的长$=2\pi$，$\overparen{BC}$的长$=\overparen{AD}$的长$=\dfrac{1}{8}\pi\times2\times4=\pi$.

$$\overparen{CD}\text{的长}=\dfrac{1}{4}\pi\times2\,(4-2\sqrt{2})=(2-\sqrt{2})\pi.$$

所以，卵形$\overparen{AFBCDA}$的周长$=$半圆$\overparen{AFB}$的长$+\overparen{BC}$的长$+\overparen{AD}$的长$+\overparen{CD}$的长

$$=2\pi+\pi+\pi+(2-\sqrt{2})\pi=(6-\sqrt{2})\pi.$$

思考题：根据题目的数据，计算这个卵形的面积.

答案：卵形的面积是$(12-4\sqrt{2})\pi-4$.

10. 硬币绕硬币转动的问题

1867年《科学美国人》杂志刊登了一个问题，引起了读者广泛讨论.

问题是这样的，在桌子上放两枚同样大小的硬币，其中一枚固定不动，不妨叫作"定币"，另一枚硬币叫作"动币"，它沿着"定币"的外缘作无滑动的滚动. 问：绕定币转一周，动币本身转了几圈？

一部分人认为动币本身转了一圈，一部分人认为动币本身转了两圈.

公说公有理，婆说婆有理，到底哪个正确呢？

坚持只转一圈的说法是：两个"1"只"头对头"了一次，何况那枚动币从"定币"的上面滚到下面，本身转了180°，再从下面滚到上面又转了180°，一共转了360°，所以只转了一圈.

仔细分析，如图1.10.1所示，实际转动一下会发现动币应该是转了两圈.

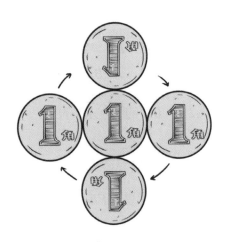

图 1.10.1

因为动币从上面的"1"向下到下面的"1"向下，已经转了360°，再从下面的"1"向下到上面的"1"向下又转了360°.

因此动币一共转了两圈.

11. 登高望远

登鹳雀楼
唐·王之涣
白日依山尽,
黄河入海流.
欲穷千里目,
更上一层楼.

诗中以登高望远之意,表达诗人向上进取的精神,高瞻远瞩的胸襟.然而,从数学角度提出问题,如果一个人要看到千里处的景物,人要离地面多高呢?

解:地球是球形的,将其抽象为一个球,将人抽象为一个点.人举目眺望,当视线与地平线相切时,人的视野为以人为顶点的一个圆锥面的内部范围.母线与地球表面相切,这个人同时望见天与地交会处的物体.

图1.11.1是本问题模型的轴截面图.

其中,我们的问题是:要望见千里处的景物,人离地面的高度是多少?(其中,地球的半径≈6400千米)

解:由图1.11.1可见,

$$AB^2 = h \times (h + 2 \times R) = h^2 + 2Rh$$

即

$$500^2 = h^2 + 12800h$$

或

$$h^2 + 12800h - 250000 = 0$$

解之得

$$h = 19.5（千米）$$

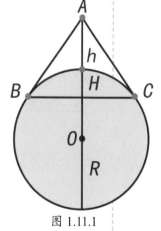

图 1.11.1

看来,诗人的想象力十分丰富,是要登"摩天大厦"看世界了.这只是在理想的情况下建立的数学模型.实际情况还与大气的能见度、大气的折射等因素有关.

12. 圆周角的一个应用

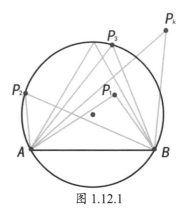

图 1.12.1

同圆中同弧上的圆周角相等，这是圆周角定理.

如图1.12.1所示，$\angle AP_2B$，$\angle AP_3B$是同弧上的圆周角，所以有$\angle AP_2B=\angle AP_3B$. 图中$\angle AP_1B$是弦$AB$上的圆内角，$\angle AP_kB$是弦$AB$上的圆外角，易知，

$$\angle AP_1B > \angle AP_2B = \angle AP_3B > \angle AP_kB.$$

图 1.12.2

图1.12.2与图1.12.1相像. 在临近暗礁的海岸上，可以建两个灯塔A和B.使暗礁包围在以AB为弦的弓形AP_3B内. 已知圆周角$\angle AP_3B=\alpha°$. 那么只要航船在所处P_k点观测到视角$\angle AP_kB<\alpha°$，那么航船就在暗礁范围之外，航船是安全的.

这是圆周角定理的一个简单的实际应用.

13. 不用量角器如何确定角的度数

在纸上任意画一个小于180°的角，手边没有量角器，只有圆规，你能设法量出这个角的度数吗？其实，对于学过几何的同学，略微思考就能想出办法！

如图1.13.1所示，给出了一个∠AOB，没有量角器，只有圆规，请你设法量出这个角的度数.

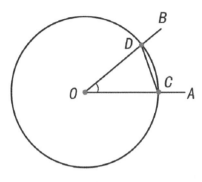

图 1.13.1

解：我们以O为圆心，适当长为半径画圆，交角的两边分别为C，D. 连接CD，然后用圆规从C开始，依照CD的长逆时针方向依次量下去，直到圆规的一脚达到点C为止. 注意在这个过程中，要记住绕圆周的次数n，以及共量弦长CD的次数s. 设∠AOB=x°，

则

$$x° \times s = 360° \times n,$$

所以

$$x° = \frac{360° \times n}{s}.$$

例如，测量结果n=3，s=20，则 $\angle AOB = x° = \frac{360° \times 3}{20} = 54°$.

这种方法简单易行，不信的话你可以动手试一试，或者画一个角，考一考你的小伙伴，也分享一下不用量角器发现要测算角的度数方法的快乐吧！

14. 头走得远还是脚走得远

如果你绕着地球的赤道走了一圈，那么你的头比你的脚多走了多少路呢？

解：用R表示地球的半径，你的双脚走过的路程等于$2\pi R$.

假设你的身高为1.7米，那么你的头走过的路程就是$2\pi(R+1.7)$米.

这两者的路程之差等于

$$2\pi(R+1.7)-2\pi R=2\pi\times1.7\approx10.7（米）.$$

即你的头比你的脚多走了约10.7米的路程.

我们发现，最后的结果与地球的半径没有关系. 换言之，如果你在火星上、在月球上、在任何一个星球上，你绕该星球的"赤道"走一圈，你的头比你的脚多走的路程都等于你的身高的2π倍.

一般而言，两个同心圆的周长之差只与两个圆的半径之差有关，等于$2\pi(R-r)$.

下面是一道有趣的几何题，它曾被编入很多数学游戏丛书中. 题目如下：

假如我们将一根铁丝捆在地球的赤道上，如果将这根铁丝加长1米，那么一只小老鼠能不能从地球与铁丝形成的缝隙中钻过去呢？

你可能会说，这个缝隙可能比一根头发丝还细，哪能钻过一只小老鼠呢？然而，事实并非如此. 虽然和地球赤道的大约长度40000000米相比，1米算不了什么，但是我们可以算出缝隙的大小：

$$\frac{100}{2\pi}\approx16（厘米）.$$

这时你会惊奇地发现，这个缝隙别说小老鼠可以大摇大摆地钻过去，就是一只大花猫也可以钻过去.

15. 五圆共点问题

给定五个半径两两不等的圆，其中任意四个都共点（交于一点）. 求证：这五个圆一定共点.

这还不简单！画五个圆看一看就可以！结果越画越乱，根本画不清楚！怎么办？请数学思维来帮忙！正面抒不清，我们"正难则反"！

设这五个圆的编号为①、②、③、④、⑤，假设这五个圆不共点，依题意，其中任意四个圆都共点，我们将所共用点分别写出如图1.15.1所示：

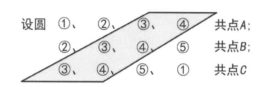

图 1.15.1

由于假设这五个圆不共点，则A，B，C为两两不同的三个点.

但这三个点是圆③和圆④的共点，也就是半径不同的两个圆③和④有三个不同的交点.这与两圆相交至多有两个交点的结论相矛盾！所以这五个圆一定共点，如图1.15.2所示.你看多么简洁、漂亮的证明！令人叹服！

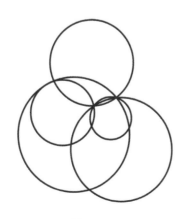

图 1.15.2

16. 地图问题

问题：$ABCD$ 和 $A'B'C'D'$ 是某个国家一个地区的用不同的比例尺绘制的大、小两张正方形地图，我们将这两张地图如图1.16.1(a)所示重叠放在一起. 证明在小地图上只有一个点 O，和下面大地图正对着的点 O' 代表的是同一地点. 请用"尺规作图"定出 O 点来.

解：两个正方形地图是相似的，所以有唯一的几何变换将一个正方形地图变换为另一个正方形地图. 这个 O 点应是变换中位置不变的一个点.

事实上，设这个不动点为 O，设 AB 交 $A'B'$ 于点 P. 过 A，P，A' 及 B，P，B' 作圆. 两圆交点即为 O 点，如图1.16.1(b)所示.

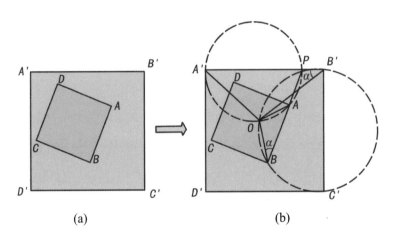

图 1.16.1

首先，$\angle PB'O = \angle PBO$，因为两者都用 $\overset{\frown}{PO}$ 的一半来度量. 其次 $\angle PA'O = \angle BAO$，两者都是 $\angle PAO$ 的补角. 所以有 $\triangle OAB \backsim \triangle OA'B'$.

正方形 $ABCD$ 绕 O 点旋转一个等于 $\angle AOA'$ 的角度，便可使正方形 $ABCD$ 的边对应平行于正方形 $A'B'C'D'$ 的边；再按比值 $\dfrac{A'B'}{AB}$ 放大，便可以使小地图与大地图重合. 可见变换中的不动点 O，正是小地图和大地图中的同一个地点.

17. 关于圆周率 π 的认知

圆周率即圆的周长与圆的直径的比值，是一个常数，18世纪大数学家欧拉用π来表示圆周率，此后π被数学界所公认.

历史上人们对圆周率的认识有一个过程，最早的圆周率是"周三径一".

古希腊哲学家、数学家阿基米德（公元前287年—公元前212年）取圆周率为 $3\frac{1}{7}$.

刘徽

我国三国时期的数学家刘徽求得圆周率为3.1416，南北朝时期数学天文学家祖冲之（429—500年）利用割圆术将圆周率精确到小数点后第7位：$3.1415926 < \pi < 3.1415927$，并设定密率为 $\frac{355}{113}$，约率为 $\frac{22}{7}$.

祖冲之

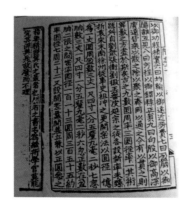

《隋志》中关于祖冲之求得圆周率的记载

16世纪荷兰数学家卢多尔夫（1540—1610年），将圆周率精确到小数点后第35位：

3.14159265358979323846264338327950288

并立下遗嘱要将此数值刻在他的墓碑上.

卢多尔夫的数学墓碑

1873年，英国数学家圣克斯（W.Shaks，1812—1882年）计算出π小数点后707位（后人发现其在第528位后有错）.

圣克斯原著的书影

在1946年和1947年两年中曼彻斯特大学的弗格森和华盛顿的伦奇将π计算到小数点后第808位，而且他们还发现圣克斯计算的π中第528位是错误的，这让他们十分得意.

自从有了计算机以后，对π的计算突飞猛进！

有报道说，1989年6月美国哥伦比亚大学一个小组计算π的近似值达4亿8千万位以上，这个纪录后来不断被刷新.

人们在对圆周率π的计算日益精确的同时，对π有了新的认识，1882年林德曼证明了π是无理数，而且是超越数.

事实上，人们对圆周率π的认识，多只限于计算的数位上，较少普及π是无理数的知识. 下面的事情可见一斑.

在1999年首都师范大学数学科学学院研究生入学考试中有这样一道开放试题："1998年北京某报在《科学珍闻》栏目中报道了一则消息，标题是《圆周率并非无穷无尽》. 报道全文如下：

目前，圆周率永远除不尽的神话，被加拿大一名年仅17岁的数学天才伯西瓦打破了.

伯西瓦在13岁就曾在不列颠哥伦比亚省赛蒙·福雷赛大学进修部分课程. 今年6月，他运用电子邮件与世界上的25台超级计算机连接，计算出圆周率是可以除尽的. 他利用的是二进位算法，发现圆周率第5兆位的小数是零. 也就是说，如果按十进位来算，圆周率的第1兆2千5百亿位数应是它的尽头.

从前，人们都认为圆周除以直径的数字是除不尽的无理数. 1997年9月，法国人贝拉尔把这个无理数算到第1兆位小数，曾创下世界纪录.

请你用数学教育理论对上述报道进行分析，谈谈自己的看法."

在19份答卷中，只有4份答卷指出："这则报道是荒谬的，圆周率π是无理数是科学真理，计算机不可能把它穷尽."有2份答卷表示担心："如果圆周率π是有理数，以后中学中有理数怎么教？"其余13份答卷都大谈在未来的信息社会，技术进步可以创造出来任何奇迹，如圆周率π是有理数，这是科学进步的标志. 人们要更新观念，才能跟上时代的步伐. 这13份答卷既反映出答题人缺乏科学批判的精神，也反映出他们缺乏实事求是、坚持真理的勇气.

打着创新、更新观念的旗号，宣传反科学的内容，这更是需要人们警惕的！

18. 传动带的长度

某工厂要安装一台新设备. 新设备上要装一条传动带, 只是这条传动带不像往常那样安装在两个皮带轮上, 而是要装在3个皮带轮上.

请根据传动装置示意图, 如图1.18.1所示的数据 $O_1O_2=a$, $O_2O_3=b$, $O_1O_3=c$, 传动轮的半径=r, 计算出所用传动带的长度.

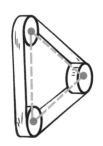 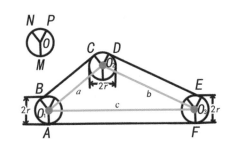

3个皮带轮的皮带传动　　　　　　传动装置示意图

图 1.18.1

设传动带的长为l, $\angle O_2O_1O_3 = \alpha$, $\angle O_1O_2O_3 = \beta$, $\angle O_2O_3O_1 = \gamma$, 则

$$\alpha + \beta + \gamma = \pi.$$

显然,

$$l = a+b+c+\widehat{AB}+\widehat{CD}+\widehat{EF},$$

而 $\widehat{AB}+\widehat{CD}+\widehat{EF} = r \cdot (\pi-\alpha) + r \cdot (\pi-\beta) + r \cdot (\pi-\gamma) = r[3\pi-(\alpha+\beta+\gamma)] = 2\pi r$,

所以

$$l = a+b+c+2\pi r.$$

也就是3个直径相同的皮带轮其皮带总长是3个皮带轮中间形成的三角形的周长再加上一个皮带轮圆周的长度.

一般地, 可以证明, n ($n \geq 3$) 个直径相同的皮带轮组成的传动装置, 其皮带总长是各皮带轮中间形成的凸n边形的周长, 再加上一个皮带轮圆周的长度.

比如，安装在4个直径相同的皮带轮上的传动带，如图1.18.2所示.

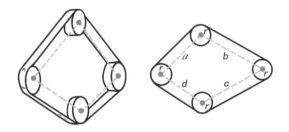

图 1.18.2

易知，4个皮带轮上的传动带的长度为

$$l = a + b + c + d + 2\pi r.$$

思考题：图1.18.3（a）和（b）是按两种方法用钢丝绳捆扎10根同样型号圆形钢管的横截面图，请问，哪种捆扎方法所用钢丝绳较短？说明理由.（不计接头长度）

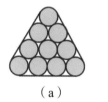 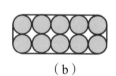

（a）　　　　　（b）

图 1.18.3

答案：如图1.18.3（a）所示的捆扎方法所用钢丝绳较短.

提示：设圆管半径为r，则按如图1.18.3（a）所示方法捆扎所用钢丝绳长$= 18r + 2\pi r$，如图1.18.4（a）所示. 按如图1.18.3（b）所示方法捆扎所用钢丝绳长$= 20r + 2\pi r$，如图1.18.4（b）所示. 所以，按如图1.18.3（a）所示方法捆扎所用钢丝绳较短.

 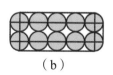

（a）　　　　　（b）

图 1.18.4

19.齿轮传动系统能转动吗

现在有11个齿轮如图1.19.1所示啮合在一起，问这个传动系统能否转动起来？试说明理由.

不能转动起来! 理由如下：

我们发现齿轮要么逆时针转动，要么顺时针转动. 一个齿轮不可能同时既逆时针转动又顺时针转动.

图 1.19.1

我们将齿轮依次编号，如图1.19.2所示，假设1号齿轮为主动轮是逆时针转动，那么2号齿轮则顺时针转动，3号齿轮则逆时针转动，4号齿轮则顺时针转动，依次下去，奇数号的齿轮逆时针转动，偶数号的齿轮顺时针转动，所以第11号齿轮应逆时针转动. 但第11号齿轮又将传动1号齿轮，于是1号齿轮（相当于12号齿轮）应顺时针转动.这样，1号齿轮同时既要逆时针转动，又要顺时针转动，这是不可能的！所以图中所示的11个齿轮的传动系统是不可能转动起来的！

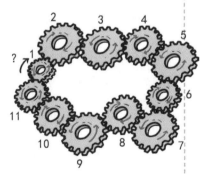

图 1.19.2

20. 莱洛三角形

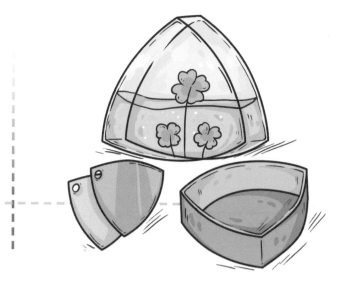

我国著名数学家华罗庚，在一次给中学生的讲座中提出了一个有趣的怪问题：为什么茶杯盖不会掉到茶杯里去？

这还不简单！因为茶杯盖比茶杯口大！

果真如此吗？盖子比杯口小，一定会掉进去，然而盖子比杯口大或和杯口同样大时，并非一定掉不进去！比如正四棱柱的茶叶筒，开口是正方形，而一个相同开口大小的正方形盖子可以沿开口对角线掉进筒内.

杯口与杯盖都采用圆形，是因为圆形夹在两条平行线之间，无论圆如何转动，两条平行线之间的距离始终保持不变，等于圆的直径. 具有这样性质的曲线，我们称为"定宽曲线"，显然圆是定宽曲线.

是否定宽曲线只有圆这一种呢？还有其他的定宽曲线吗？有的！

如图1.20.1所示，作正△ABC，即AB=BC=CA=R. 然后，分别以A，B，C为圆心，R为半径作圆弧，3条弧段围成的曲线，就是一个宽度为R的定宽曲线.

图 1.20.1

从数学上看，如图1.20.1所示的图形可以在边长为R的正方形内自由转动. 机械学家莱洛在研究机械分类时首先指出了这个图形的性质. 因此，上述的图形被命名为莱洛三角形.

大家知道，普通钻头的横截面是圆形的，只能用来钻圆孔. 但是某些机械上也需要一些方孔，因此需用特制的方孔钻头. 而方孔钻头的横截面，就是莱洛三角形，如图1.20.2所示.

莱洛三角形在正方形中自由转动图

图 1.20.2

其实任意给定一个△ABC，总能在它的基础上作出一条定宽曲线来. 为此，如图1.20.3所示，在BC延长线上任取一点D，但需使

$$BC + CD > AB, \quad AC + CD > AB.$$

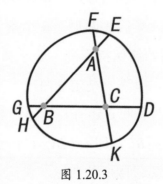

图 1.20.3

然后以B为圆心，BD为半径画弧，交BA的延长线于点E；以A为圆心，AE为半径画弧，交CA延长线于点F；以C为圆心，CF为半径画弧，交CB的延长线于G，以B为圆心，BG为半径画弧，交AB的延长线于H；以A为圆心，AH为半径画弧，交AC的延长线于K；最后以C为圆心，CK为半径画弧，必定通过点D. 由这样6条圆弧 $\overparen{DE}$，$\overparen{EF}$，$\overparen{FG}$，$\overparen{GH}$，$\overparen{HK}$，$\overparen{KD}$ 组成的封闭曲线，就是一条定宽曲线.

定宽曲线有许多应用，如在电影放映机里有一个叫作"三角歪轮"的凸轮，它的轮廓线就是在一个等腰三角形的基础上作出的等宽曲线.

21. 正五角星形的尺规作图

"五星红旗，我为你骄傲，五星红旗，我为你自豪……"这是中华儿女发自内心的歌唱.

你会用尺规作正五角星形吗？

其实，我们给定单位圆，五等分的弧为72°，十等分的弧为36°. 我们从单位圆中正五边形与正十边形的边长的计算谈起.

命题1

半径为1的圆内接正十边形的边长 $a_{10} = \dfrac{\sqrt{5}-1}{2}$.

证明：如图1.21.1所示，设 AC 是半径为1的圆内接正十边形的边长，则 $\angle AOC = 36°$，$AO = CO = 1$，$\angle OAC = \angle OCA = 72°$. 作 $\angle OAC$ 的角平分线 AK，设 $AC = x$，则 $OK = AK = AC = x$，$CK = 1-x$.

由角平分线的性质（三角形中一个角的平分线将对边分成两部分，这两部分长度的比等于这个角相邻两条邻边的比），

得 $\dfrac{AO}{AC} = \dfrac{OK}{CK} \Rightarrow \dfrac{1}{x} = \dfrac{x}{1-x}$，

所以 $x^2 + x - 1 = 0$，解得 $x = \dfrac{-1 \pm \sqrt{5}}{2}$.

所以 $a_{10} = \dfrac{\sqrt{5}-1}{2}$（负根舍）.

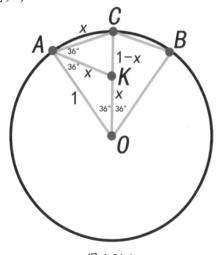

图 1.21.1

命题2

半径为1的圆内接正五边形的边长 $a_5 = \sqrt{a_{10}^2 + 1}$.

证明：如图1.21.2所示，$AB = a_5$，$AC = a_{10}$. 延长 CO 交圆于 D，连接 AD，BD. 则 $OA = OB = OC = OD = 1$，CD 是圆的直径，$CD = 2$. $\angle CAD = \angle CBD = 90°$，$AB \perp CD$ 于 M. 用两种方法计算四边形 $ACBD$ 的面积，可得 $\frac{1}{2} \times (2 \cdot a_5) = 2 \cdot \frac{1}{2} a_{10} \times \sqrt{2^2 - a_{10}^2}$，即 $a_5^2 = a_{10}^2 \times (4 - a_{10}^2) = 4a_{10}^2 - (a_{10}^2)^2 = a_{10}^2 + 3a_{10}^2 - (a_{10}^2)^2$.

注意，$a_{10} = \frac{\sqrt{5} - 1}{2}$，$a_{10}^2 = \frac{3 - \sqrt{5}}{2}$.

所以 $a_5^2 = a_{10}^2 + 3\left(\frac{3 - \sqrt{5}}{2}\right) - \left(\frac{3 - \sqrt{5}}{2}\right)^2$

$a_5^2 = a_{10}^2 + \frac{9 - 3\sqrt{5}}{2} - \frac{7 - 3\sqrt{5}}{2} = a_{10}^2 + 1$.

所以得到在单位圆中正五边形的尺规作图法.

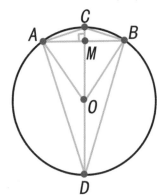

图 1.21.2

作法：如图1.21.3所示，

（1）作半径为1的 $\odot(O,1)$，过 O 作直径 AC.

（2）作 OC 的中点 M，过 O 作与 AC 垂直的半径 OB，则 $BM = \frac{\sqrt{5}}{2}$.

（3）以 M 为圆心、BM 为半径画圆，交 AO 于点 D，则 $DO = \frac{\sqrt{5} - 1}{2} = a_{10}$. 这时 $BD = \sqrt{a_{10}^2 + 1} = a_5$.

（4）以 B 为圆心，$BD = a_5$ 为半径画圆，交 $\odot(O,1)$ 于点 E 和 F，再分别以 E，F 为中心，$BD = a_5$ 为半径画圆，交 $\odot(O,1)$ 于点 G 和 H，则 B，E，G，H，F 为 $\odot(O,1)$ 的5个等分点.

（5）顺次连接这5个等分点，可以得到正五边形 $BEGHF$，连接 BG，GF，FE，EH，HB 即可以作出一个正五角星形.

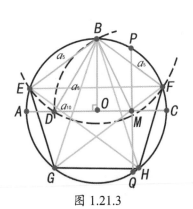

图 1.21.3

22. 从五点共圆问题的证明谈起

2000年12月20日，时任国家主席的江泽民同志在澳门回归一周年庆典之后，到濠江中学参观. 在教师办公室，江泽民同志与新中国刚成立时就在澳门升起五星红旗的濠江中学名誉校长杜岚攀谈起来. 当他得知杜岚已84岁高龄时，高兴地说："你精神真好."

江泽民同志对在场的教师们说："我也曾在中学教过书，与你们是同行，教师的职业是非常高尚的.""学习几何能锻炼一个人的思维. 解答数学题，最重要的是培养一个人的钻研精神."教师们对江泽民同志的话报以热烈的掌声.

江泽民同志兴致勃勃地给大家出了一道几何题，从电视新闻报道的画面上和声音中可以知道是下面的问题.

如图1.22.1所示，将任意凸五边形$ABCDE$的边延长，交成五角星形$FGHKL$. 作$\triangle ABF$，$\triangle BCG$，$\triangle CDH$，$\triangle DEK$，$\triangle EAL$的外接圆，诸圆两两相交的第二个交点记为A'，B'，C'，D'，E'. 求证：A'，B'，C'，D'，E'共圆.

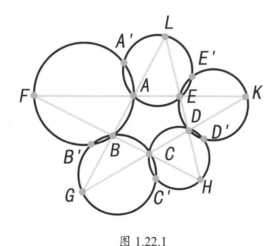

图 1.22.1

这是一道有一定难度的几何题,我们首先给出分析思路和证明的过程.

分析:设五个三角形△ABF,△BCG,△CDH,△DEK和△EAL的外接圆的另五个交点(非A, B, C, D, E)为A', B', C', D', E'. 要证这五个点共圆,我们先证A', B', D', E'共圆,再同理可证E', A', B', C'共圆,于是可知A', B', C', D', E'都在由不共线的三点E', A', B'所确定的圆上. 我们按这一思路从证A', B', D', E'共圆入手.

证明:按如图1.22.2所示添设辅助线.

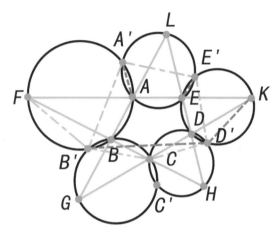

图 1.22.2

因为E, K, D', D共圆,所以∠EKD' = ∠HDD'. ……①

因为H, C, D, D'共圆,所以∠HDD' = ∠HCD'. ……②

由①②可得, ∠FKD' = ∠EKD' = ∠HCD',所以F, K, D', C四点共圆(四边形的一个外角等于它的内对角,则这个四边形的四个顶点共圆).

同理可证∠KFB' = ∠B'BG = ∠B'CG,所以F, B', C, K四点共圆.

因此得B', D'点都在过不共线的三点F, C, K的圆上.

根据B', F, K, D'共圆,有∠FKD' + ∠D'B'F = 180°. ……③

再由E', E, D', K共圆,有∠EE'D' = ∠EKD' = ∠FKD'. ……④

将④代入③得,∠EE'D' + (∠D'B'A' + ∠A'B'F) = 180°.

但∠A'B'F = ∠A'AF = ∠A'E'E,代入得∠EE'D' + (∠D'B'A' + ∠A'E'E) = 180°,

即(∠EE'D' + ∠A'E'E) + ∠D'B'A' = 180°,也就是∠A'E'D' + ∠D'B'A' = 180°.

所以，A', B', D', E' 四点共圆.依上述步骤同理可证 E', A', B', C' 四点共圆.

因此可得 A', B', C', D', E' 五点共圆.

为了解决这个问题，只需掌握圆内接四边形的性质定理与四点共圆的判定定理，然后按照探索法倒推分析，寻求解题思路，达到化繁为简、以简驭繁的目的即可."学习几何能锻炼一个人的思维"是对几何学教育价值的深刻揭示.

问题是数学的心脏，学数学就要解答一定数量的数学题，其中当然包括一些具有某种挑战性或有深刻背景的习题.解数学题的过程，是锻炼一个人提出问题、分析问题与解决问题能力的过程，是培养一个人锲而不舍的钻研精神与实事求是的科学品质的过程."解答数学题，最重要的是培养一个人的钻研精神"，准确地指出了解答数学题在中小学阶段的教育意义.江泽民同志提给中学教师的五点共圆问题，可在严济慈教授1928年编著的《几何证题法》中找到，该书作为课外读物颇受读者欢迎，虽然是文言体，但仍多次重印.1978年以后，仍有不少青年学生向北京图书馆借阅该书.人民日报1979年3月24日的一篇文章报道了对一位热爱数学青年的访问，这位青年说，严济慈教授编著的《几何证题法》是吸引他酷爱数学、钻研数学，对他最有影响的一本书.他没有在困难面前望而生畏，止步不前，而是从严要求，勇于探索，一字字、一句句认真地读下去，并且把书中的例题、习题全部研究了一遍，其中的一道难题他是用了一个月的时间解出来的.这体现了那一代青年人的拼搏精神.通过学习数学铸就的刻苦钻研精神是十分可贵的，在实现中华民族伟大复兴中仍然需要发扬这种精神.

早在1989年，江泽民同志接见当年参加IMO胜利归来的我国选手时，就曾对同学们谈到过他很喜欢数学，并举了这道五点共圆的问题.在21世纪到来前夕，他又一次向中学老师谈到这个几何题，并对学习几何、解答数学题的教育价值予以肯定，这值得每位关心我国数学教育改革的同仁深入思考.

二、妙手回春绘真图

从小练，从小干. 不轻视容易，不惧怕困难.

——华罗庚《从小钻透科技关》

今天参观数学兴趣小组办的"趣味几何作图"展览.

几何作图规定用直尺和圆规为工具，这种作图需要根据尺规作图公法，按照分析、作法、证明和讨论的步骤去完成. 对于训练思维、提高分析问题和解决问题的能力极为有益，这是常规的欧氏尺规作图. 但在实际问题中，有些情况对问题条件加以某种限制（如直线的交点在作图纸面上不可到达）；有些对画图工具加以限制，如只限用圆规或只限用直尺或其他工具来作图，这些统称为非常规的几何作图，或称为限制条件的几何作图. 这样势必增加了作图的难度. 只有开动脑筋，攻克难关，想出办法，才能妙手回春绘出图形. 这对于锻炼意志、开发创新思维是十分有益的. 现择展览中简单精巧的11例趣味几何作图问题供大家鉴赏.

1. 大板尺作角平分线

已知∠MON是个给定的角（小于平角），如图2.1.1所示. 试用一把两边平行且无刻度的板尺和一支铅笔，作出∠MON的平分线.

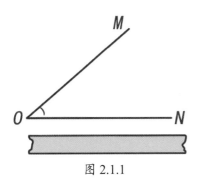

图 2.1.1

分析：由一把两边平行且无刻度的板尺可以作直线，又板尺两平行边的距离是定值，等于尺的宽度，所以可以作与已知直线的距离等于尺宽的平行线. 这时只要想到，角平分线上的一点到角两边的距离相等，到角的两边距离相等的点在这个角的平分线上，就不难找到作法.

作法：如图2.1.2所示，用两边平行且无刻度的板尺分别在∠MON的内侧作出ON的平行线DB，OM的平行线CA. 设DB与CA相交于点T，则T到OM、ON的距离TE = TH，连接OT，则OT就是∠MON的平分线.

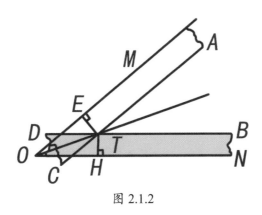

图 2.1.2

2. 作过不可到达点的直线

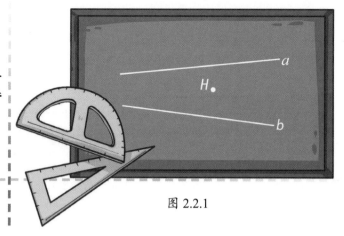

图 2.2.1

黑板上作有不平行的两直线 a，b，其交点 O 在黑板框之外无法直接画出. H 为黑板面上 a，b 之间一点，如图 2.2.1 所示，请你设计一种方案，用一块直角三角板为工具，过 H 点在黑板上作一直线 c，使 c 延长后恰过 O 点. 你能办到吗？

分析：用直角三角板可以作直线、直角. 过 H 点可以作已知直线的垂线，由三角形的三条高线共点，可得如下作法.

作法：过 H 点用直角三角板作直线 a 的垂线，该垂线交直线 b 于点 B，过 H 点作直线 b 的垂线交直线 a 于点 A. 连接 AB，则 H 点为 $\triangle ABO$ 的垂心，过点 H 作 AB 的垂线 c，则 c 必过 O 点，如图 2.2.2 所示.

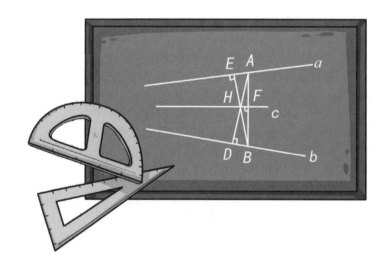

图 2.2.2

说明：本题所给的直角三角板的作图功能有二. ①可以作直线或线段；②可以作已知直线的垂线. 只要认清了直角三角板的作图功能，再利用所学的知识，就可以得到作法了.

3. 只用直角尺作2倍已知线段

以一把没刻度的直角尺为工具，求作一条线段，使它等于一条已知线段的2倍.

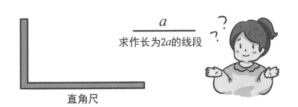

分析：用直角尺为工具可以作直线、直角，也可以过直线外一点作已知直线的平行线. 因此，我们必须考虑作有直角的图形，如矩形、平行四边形等. 如图2.3.1所示，在已知线段AB为边的基础上用直角尺可以作出一个长方形$ABCD$.

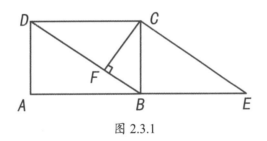

图 2.3.1

假设$AE=2AB$已经作出，易知$DCEB$为平行四边形. 所以E点是过C点所作BD的平行线与AB延长线的交点，而用直角尺过C点可以作BD的平行线，所以问题可解.

作法：如图2.3.1所示，

（1）以已知线段AB为一边用直角尺作出长方形$ABCD$；

（2）连接对角线BD；

（3）过C点作BD的垂线CF；

（4）过C点作CF的垂线交直线AB于E.

则线段AE即为所求作的线段.

证明：由作法易知，$DCEB$为平行四边形，$BE=DC=AB$，所以$AE=2AB$.

4. 只用圆规作 4倍已知线段

单用一个圆规作一条线段，使它等于已知线段AA_1长度的4倍.

分析：单用圆规作图，由于不许用直尺，所以不能作出直线. 因此我们规定，只要给出一条直线上两个不同的点，就认为这条直线已经存在了.

本题的实质是"已知两点A，A_1，请设法用圆规作出一点A_4，恰满足$AA_4=4AA_1$". 只用圆规可以任意作一个圆，并可以将这个圆6等分，因此"对径点"的线段即为该圆半径的2倍. 此外，用圆规可以由不共线的3点作出第4个点，使得这4个点为一个平行四边形的4个顶点.

作法一：如图2.4.1所示，保持圆规两脚的开度$r = AA_1$不变，作$\odot(A_1,r)$，再作$\odot(A,r)$交$\odot(A_1,r)$于B，作圆$\odot(B,r)$交$\odot(A_1,r)$于C，作圆$\odot(C,r)$交$\odot(A_1,r)$于A_2. 这时A_2是A的对径点，此时线段$AA_2 = 2r$. 然后作$\odot(A_2,r)$，设此圆与$\odot(C,r)$交于点D，$\odot(D,r)$和$\odot(A_2,r)$相交得点A_3，线段$AA_3 = 3r$. 再作$\odot(A_3,r)$，设$\odot(A_3,r)$与$\odot(D,r)$交于点E，再作$\odot(E,r)$，$\odot(E,r)$与$\odot(A_3,r)$交于点A_4，则线段$AA_4 = 4r$.

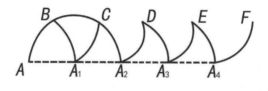

图 2.4.1

由两脚开度等于圆半径的圆规可分该圆为六等分，不难推得作图的正确性.

作法二：　如图2.4.2所示，在直线AA_1之外任取一点B，$r=AA_1$，作$\odot(A_1,AB)$和$\odot(B,r)$，两圆交于一点C，现在若作$\odot(A_1,r)$和$\odot(C,BA_1)$，则它们交于点A_2. 线段$AA_2=2r$. 作$\odot(A_2,r)$和$\odot(C,BA_2)$，设它们交于点A_3，线段$AA_3=3r$. 再作$\odot(A_3,r)$和$\odot(C,BA_3)$，设它们交于点A_4，则线段$AA_4=4r$.

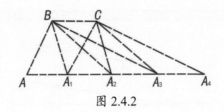

图 2.4.2

由于图形$ABCA_1$，A_1BCA_2，A_2BCA_3，A_3BCA_4都是平行四边形，立即可推得作图的正确性.

一般地，我们可以单用圆规作一条线段，使它等于已知线段的n倍（其中，n为正整数）.

5. 作不见顶点的角的平分线

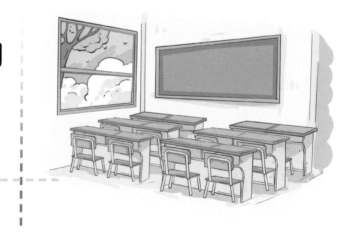

黑板上有不平行的两条直线a，b，其交点在黑板外无法直接画出，如图2.5.1所示. 请你设计一种方案，用圆规、直尺在黑板上作一条直线c，使得c恰是a，b交角的平分线.

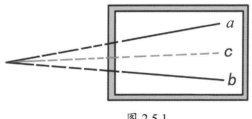

图 2.5.1

提示：如图2.5.2所示，将直线a向下平移适当的距离h为直线a'，将直线b向上平移同样的距离h为直线b'，使得直线a'与直线b'的交点O在黑板内.

作a'与b'交角的平分线c，则c恰是a，b交角的平分线.

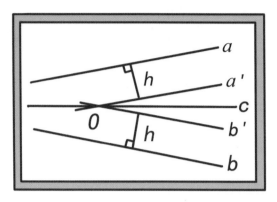

图 2.5.2

6. 用直角尺作线段中点

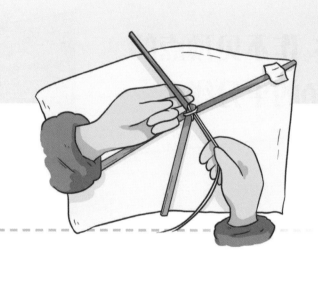

用一把无刻度的直角尺，作已知线段的中点.

提示：已知线段AB.

（1）用无刻度的直角尺作长方形$ABCD$.

（2）连接AC，BD得交点O.

（3）用直角尺过O作AB的垂线，垂足为M.

则$AM = BM$，如图2.6.1所示.

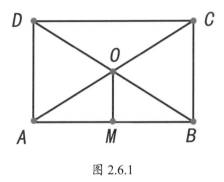

图 2.6.1

我们进一步思考：用一把无刻度的直角尺为工具，如何作出已知线段的一个三等分点？

我们在图2.6.1作出线段AB的中点M的基础上，继续完成线段AB的三等分点的作图.

作法：在图2.6.1的基础上，连接DM交CB的延长线于点N，如图2.6.2所示.

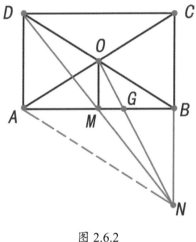

图 2.6.2

连接ON交BM于点G，则$GB=\dfrac{1}{3}AB$. 即点G是线段AB的一个三等分点.

证明：连接AN，易知G为$\triangle ACN$的重心，所以G为中线AB的三等分点.

7. 过一点作半圆直径的垂线

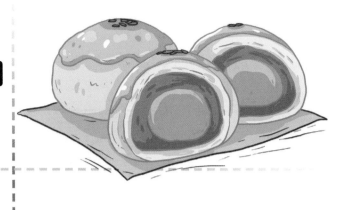

已知直径为AB的半圆及半圆内一已知点H，如图2.7.1所示，请你只用直尺过H点作出AB的垂线.

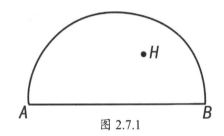

图 2.7.1

提示：如图2.7.2所示.

（1）用直尺连接AH交圆于E.

（2）连接BH交圆于D.

（3）再连接AD，BE相交于C.

（4）连接CH，则有$CH \perp AB$.

如果H点在圆外，该如何用直尺作直径AB的垂线呢？请你思考！

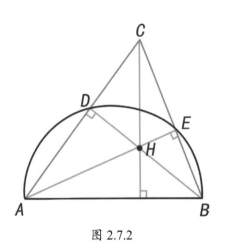

图 2.7.2

8. 平分斜扇形的面积

如图2.8.1所示，以圆规、直尺为工具，过圆弧$\overset{\frown}{AB}$的中点作一直线，恰平分这个斜扇形的面积.

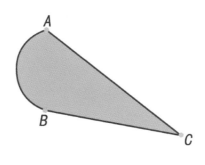

图 2.8.1

这是一道常规的尺规作图问题.

提示：（1）连接AB，取AB的中点M，取$\overset{\frown}{AB}$的中点N.

（2）连接NM，CM，则不规则图形$BNMC$的面积为整个图形面积的一半.

（3）连接NC，过M作NC的平行线交$\overset{\frown}{AB}$于D，交AC于E.

（4）连接NE，则有$\triangle MNC$与$\triangle ENC$的面积相等.

所以过$\overset{\frown}{AB}$的中点N的直线NE平分整个图形的面积，如图2.8.2所示.

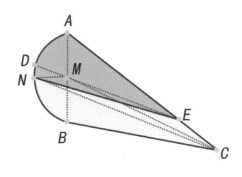

图 2.8.2

9. 作对称点

已知不共线的 A，B，M 三点，如图2.9.1所示，只用圆规作出点 M 关于直线 AB 的对称点 M'。

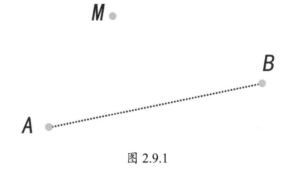

图 2.9.1

提示：如图2.9.2所示。

（1）以 A 为圆心，AM 为半径作弧。

（2）再以 B 为圆心，BM 为半径作弧，两弧交于异于 M 的另一点 M'。

则 M' 就是所求的点 M 关于 AB 的对称点。

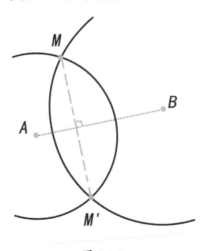

图 2.9.2

10. 拿破仑四等分圆问题

将一个已知圆周四等分，要求只用圆规（不许用直尺），当然已知圆的圆心是给出的. 传说这是拿破仑用来考察下属官员的一个问题.

分析：如图2.10.1所示，设已知圆的圆心为O，半径为R. 在圆O上任取一点A，以A为圆心，$AO=R$为半径连续作弧可以得到B，C，D三点. 则$AD=2R$，$AC=\sqrt{3}R$（是圆内接正三角形的一边）.

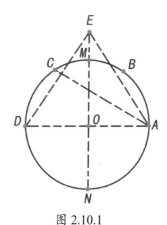

图 2.10.1

本题的关键是求$\sqrt{2}R$的长，如果$\sqrt{3}R$，R分别能作为一个直角三角形的一条斜边及一条直角边，则本题可解. 但由于不能作出直角，所以要变通作法，作以$2R$为底边，$\sqrt{3}R$为腰的等腰三角形.

O为底边AD的中点是已知的，则EO为等腰$\triangle ADE$的底边AD上的高线，$EO=\sqrt{3R^2-R^2}=\sqrt{2}R$. 由分析可得作法如下.

作法：（1）在圆O上取点A，以A为圆心，R为半径连续作弧，依次截圆于B，C，D三点.

（2）分别以A及D为圆心，以AC（$=\sqrt{3}R$）为半径作两弧交于点E.

（3）以A为圆心，EO为半径作弧，交圆O于点M，N，则A，M，D，N恰将圆周四等分.

证明：略.

11. 生锈圆规作图

叉开角度为定值的圆规仅能作一定半径的圆，仅用这种圆规作图的问题，曾被许多学者研究过. 阿拉伯数学家阿布·瓦法所著的《几何作图之书》中绝大部分讲的就是这个问题. 研究用叉开角度为定值的圆规解决作图问题的还有达·芬奇、卡尔达诺、塔尔塔利亚、费尔拉里等人.

20世纪80年代，数学家佩多（Pedoe）形象地称叉开角度为定值的圆规为"生锈圆规"，意指该圆规仅能作半径为定长R的圆，并在加拿大的一份杂志上专门提出两个这类问题以征求解答.

问题一：已知两点A，B. 只用一把"生锈圆规"，能否找到一点C，使得$AC=BC=AB$？

问题二：已知两点A，B. 只用一把"生锈圆规"，能否找出AB的中点C？（要知道，线段AB是没有作出来的，因为没有直尺.）

为了方便，我们不妨设这种"生锈圆规"只能作半径为1的圆.

对于问题一，佩多的一个学生无意中作出了一幅几何图，佩多发现这幅无意中作出的图给出了问题一的线索：如果$AB<2$，用"生锈圆规"（半径$=1$）能够作出点C，使得$\triangle ABC$是正三角形.

如图2.11.1所示，以A，B为圆心分别作圆交于D，G，又以G为圆心作圆分别交$\odot A$，$\odot B$于E，F，再以E，F为圆心作圆交于点C，则$\triangle ABC$就是正三角形. 这就是奇妙的"五圆构图作正三角形法".

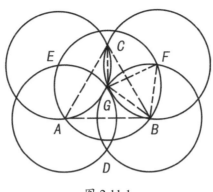

图 2.11.1

事实上，在 $\odot F$ 上应用圆周角定理得，$\angle GCB = \dfrac{1}{2} \angle GFB = 30°$，所以 $\angle ACB = 60°$. 又因为 $AC = BC$，所以 $\triangle ABC$ 是正三角形.

佩多当时已经70多岁了，他看到这个结果，竟然像孩子一样兴奋不已. 他说："人类有几何知识以来，已经有几千年了，而这样简单美丽的图形，竟然没有被人发现过，真有点怪."

但是当 $AB > 2$ 时，$\odot A$，$\odot B$ 不再相交，这个矛盾如何克服呢？

从1982年问题公开求解算起，3年中都没人找到作图的方法. 正当数学家们猜测这大概也是一个"不可能"的作图问题时，3位中国科技大学的教师成功地给出了 $AB > 2$ 时的作图方法.

佩多得知这个消息后非常高兴，他认为这是他最愉快的教学时刻，他希望中国朋友能够再接再厉解决他的问题二.

对于问题二的解决，更是出人意料. 这个使不少数学专家感到无从下手的问题，被我国一位自学青年花了一年时间解决了.

他用代数方法证明：从已知两点 A，B 出发来作图，"生锈圆规"的本领和圆规、直尺的本领是一样的！这个结果远远超出了佩多教授的期望，使许多数学家感到惊叹.

由于 $AB > 2$ 时，问题一以及问题二的解法都比较烦琐，本文不再介绍. 有兴趣的同学可以参阅张景中院士编著的《数学家的眼光》一书.

在尺规作图这个古老课题的研究上，中国人写下了灿烂的一页！

三、统筹安排巧设计

运筹帷幄，决胜千里.

——民间格言

大统筹，广优选，联运输，策发展.

——华罗庚

今天是"你最感兴趣的一个数学趣题"汇报会，营员们都做了精心准备，每人讲解时长不超过10分钟，共11个趣题妙解，精彩纷呈，大家一起去听一听吧.

1. 游园路线

一个公园共有22个景点，如图3.1.1所示是连接它们的道路. 一个游园者进园后，想不重复地一次参观完这22个景点，能办到吗？如果能，请画出一个路线图；如果不能，请说明理由.

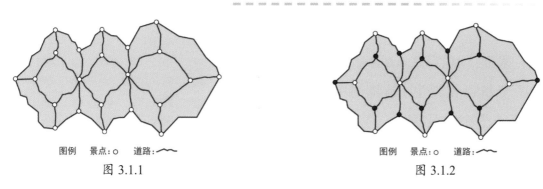

这不就是一笔画问题嘛！营员们似乎胸有成竹，但着手解决时发现"味道不对". 因为要求"不重复地一次参观完这22个景点"，并不要求走遍所有的道路. 可见弄清题意，正确理解题意，是展开正确思维的前提.

事实上，按题目要求参观是办不到的，理由如下.

如图3.1.2所示，将这22个景点染成黑、白两种颜色. 方法是：一条路段的两个端点一个染黑色，另一个染白色. 其中12个景点染成黑色，10个景点染成白色，游园者所经过的景点黑、白交替. 如果走遍了12个黑色的景点，那么走过的白色景点应不少于11个. 然而，仅有10个白色景点. 所以一个游园者想不重复地一次参观完这22个景点是不可能的.

本题思维依然是"必要条件排除法"，本题结论成立的必要条件是"如果走遍了12个黑色的景点，那么走过的白色景点应不少于11个".

2. 比高矮问题

如图3.2.1所示，由200名学生排成一个矩形方阵，每行10人，每列20人. 在每列中都选出一名身高最高的学生（如果同样高的有几人，则任选一人），然后从选出的10人中找出身高最矮的一人设为A. 同时，在每行中都选出身高最矮的学生，然后从选出的20人中挑出身高最高的一人设为B.

求证：A的身高≥B的身高.

分析：设学生A是每列中最高个子中的最矮者；学生B是每行中最矮个子中的最高者. 要直接比较A与B的高矮是困难的，这时常用第三者为媒介. 找到A所在列与B所在行交会处的C，根据条件，A的身高≥C的身高，又有C的身高≥B的身高. 所以A的身高≥B的身高.

这实际上是巧妙地利用了$A≥B$，$B≥C⇒A≥C$的不等量的传递性质.

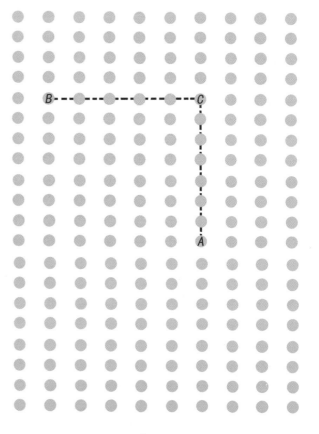

图 3.2.1

3. 一个道路设计问题

有51个城市分布在边长为1000千米的正方形区域内，拟在该区域内铺设11000千米的公路网. 试问可否将所有的城市都通过公路网连接起来？

分析与解：解本题，实际上是要求我们设计（构想）一种符合题设条件的铺设公路网的方案.

如图3.3.1所示，先过该区域内的一个城市（不妨设为 A_1）铺设一条长为1000千米的东西干线 MN，然后在干线 MN 上取 P_1, P_2, P_3, P_4, P_5 五个点，使

$$MP_1 = P_5N = 100 \text{ 千米}, \quad P_1P_2 = P_2P_3 = P_3P_4 = P_4P_5 = 200 \text{ 千米}.$$

过 P_1, P_2, P_3, P_4, P_5 辅设5条与 MN 垂直的长为1000千米的南北干线. 现在，其余50个城市每个都沿最短的路线铺设公路与这5条南北干线中的一条相连. 这些补充的小支路都是东西方向的且每条长不会超过100千米. 而且这样的小支路不会超过50条，因此，所有这些公路总长度不会超过

$$1000 \times 6 + 100 \times 50 = 11000 \text{（千米）}.$$

这个公路网就可以将正方形区域中的51个城市连接起来. 因此，符合问题条件的公路网是存在的.

本题是一道开放性的设计问题，解答并不唯一. 在满足连通51个城市且公路总长不超过11000千米的条件下，创造空间充分，解题者的建构能力大有用武之地.

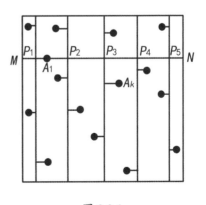

图 3.3.1

4. 连接6个村镇的公路设计

若想广大农村脱贫实现小康，"先修路"是必要条件，现要求全国各村镇都进行公路网连接，而且在保证修路质量的前提下，要尽量节省经费.

有6个村镇A，B，C，D，E，F，它们恰在一个边长为a千米的正六边形的顶点上. 现要修公路使得每个村镇的住户沿公路都能走到另外的村镇. 哪个公司能将道路设计得最短，就把工程承包给哪个公司. 要求公路总长不超过$5.2a$千米，请你设法提供一个设计方案.

我们收集了如下6种典型的设计方案，算一算，将各种可能的方案相比较，筛选出符合要求的方案，如图3.4.1所示.

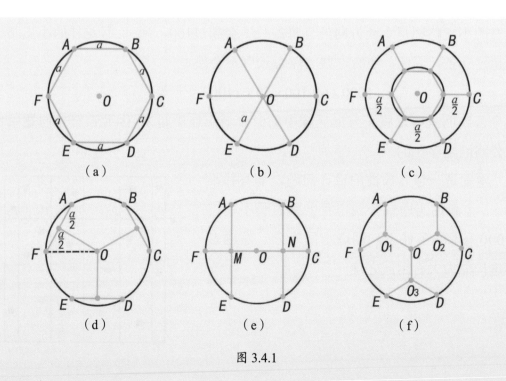

图 3.4.1

按如图3.4.1(a)、图3.4.1(b)及图3.4.1(c)所示的方案铺设，公路总长都是$6a$千米，显然不符合公路总长不超过$5.2a$千米的要求.

而按如图3.4.1(d)所示的方案辅设，公路总长为

$$3a + 3 \cdot \frac{\sqrt{3}}{2}a = \left(3 + \frac{3\sqrt{3}}{2}\right)a \approx 5.598a \text{（千米）}，$$

略好一些，但仍不符合公路总长不超过$5.2a$千米的要求.

按如图3.4.1(e)所示的方案辅设，公路总长为

$$2a + 4 \cdot \frac{\sqrt{3}}{2}a = \left(2 + 2\sqrt{3}\right)a \approx 5.464a \text{（千米）}.$$

如图3.4.1(f)所示的设计满足$\angle AO_1O = \angle FO_1O = \angle BO_2O = \angle CO_2O = \angle DO_3O = \angle EO_3O = 120°$，

且

$$AO_1 = FO_1 = OO_1 = BO_2 = CO_2 = OO_2 = DO_3 = EO_3 = OO_3.$$

公路总长等于

$$9 \cdot \frac{\sqrt{3}a}{3} = 3\sqrt{3}a \approx 5.196a < 5.2a \text{（千米）}，$$

是一个符合题设要求的设计方案.

5. 兔子逃逸问题

在一个正方形的中心处有一只兔子，在正方形的四个顶点处各有一只狼．如果狼只能沿着正方形的边奔跑，狼的最大速度为兔子最大速度的1.4倍．问：兔子能从正方形中心处跑到正方形的外面吗？

兔子能跑掉．为此，兔子应采取以下策略．

如图3.5.1所示，不妨设正方形$ABCD$的边长为1，兔子的初始位置在正方形的中心O点，狼在A，B，C，D四点．

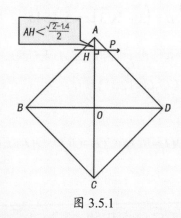

$AH < \dfrac{\sqrt{2}-1.4}{2}$

图 3.5.1

首先兔子选定正方形的任一个顶点A，并沿着对角线以最大速度由O向A奔跑，直到与A点的距离小于$\dfrac{1}{2}(\sqrt{2}-1.4)$（比如取这个值为0.007）时，兔子转90°不改变速度垂直于OA向正方形的一条边奔跑．在这条边上只有一只狼（如果在考察的瞬间A点有狼，则兔子转90°向任意一条边跑）．不难见到，此时，当兔子到达正方形的边时，任何一只狼都不能同时到达兔子处，所以兔子可以逃出正方形．

这是因为兔子跑到P，则D，B处的狼都不能到P，因此，兔子的路线为$O \to H \to P$，狼由D赶不到P处，由A处也赶不到P处，所以兔子可以从正方形中逃出．

如果狼的最大速度=兔子最大速度的$\sqrt{2}$倍时，兔子就不能逃出了．

6. 旅行家从哪里出发

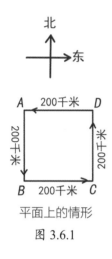

平面上的情形

图 3.6.1

某旅行家从地球上一点出发，向南走了200千米，接着向东走了200千米，最后又向北走了200千米，这个旅行家恰好回到最初出发的地点. 问这个旅行家最初的出发点在哪里？出发点是唯一的吗？

这是一道很好的智力测验问题，当然，这是把地球设想为理想的球体.

在平面上，如图3.6.1所示，从出发点A向南走200千米到B点，再由B点向东走200千米到C点，再由C点向北走200千米到D点，此时并不会回到出发点A，只有从D点再向西走200千米，才能回到出发点A. 这时走的是边长为200千米的正方形. 在平面上按题设要求走3个200千米是回不到出发点的.

注意，地球是个球体，人行走其实是在球的表面上的运动. 因此当出发点在北极时，可以实现题设的要求，如图3.6.2所示.

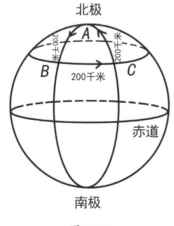

图 3.6.2

这个旅行家最初的出发点在北极无疑是正确的，好像答案也是唯一的．难道真的就只有这一个答案吗？你能说明答案是唯一的吗？

南极、北极是对立的两极，在南极附近会有类似的现象吗？显然，照葫芦画瓢是不成的．因为要先向南走再向东走，最后向北走回到出发点．一般来说，从A点向南走200千米到B点，从B点向东走200千米到C点，从C点向北走200千米并不能回到A点，只有C点与B点重合时才能向北走200千米回到A点．若C点与B点重合，则要求过B点的纬线长恰为200千米．

如图3.6.3所示，先在南极附近找到一圈长度为200千米的纬线m，在纬线m北方，找到距纬线m为200千米的另一条纬线l．则纬线l上每一点都可作为这个旅行家的出发点．这样一来，我们又找到了无穷多个解．

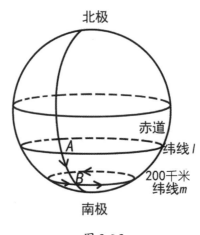

图 3.6.3

还有别的解吗？可不能大意呀！仔细一想，在向东走200千米的一圈上还可以做文章．比如，我们在南极附近找到一圈长度为100千米的纬线m_1，在纬线m_1北方，找到距纬线m_1为200千米的另一条纬线l_1．则纬线l_1上每一点都可作为此旅行家的出发点．因为从纬线l_1上每一点向南走200千米到纬线m_1上的一点P，从P向东走两圈，即200千米后又恰回到点P，再向北走200千米自然就会回到出发点了．这样一来，我们又找到了无穷多个解．按照这个思路，聪明的读者自然还会找到其他的解答，我们就不赘述了．

7. 不被观测的行星

太阳系有彼此距离不等的若干个行星，假设每个行星上都有一个天文学家观测离所在行星最近的一颗行星，如果行星为奇数个. 求证：总存在着不被观测的行星.

这是1978年5月4日北京西城区数学讲座上周教授讲过的一道题目. 由于题目背景新颖，题目刚出现时会场鸦雀无声，大家都在思索证明的方法，不知从何下手，慢慢地，大家开始交头接耳、议论纷纷. 这时周教授在黑板上画了一个3个行星的图，如图3.7.1所示，退到最简情况，

大家恍然大悟！会场内顿时响起了热烈的掌声！大家都沉浸在思维的喜悦之中.

图 3.7.1

因为行星的个数为奇数个，设为$n=2m-1$个，对m进行归纳：

当$m=1$时，$n=1$，命题显然成立.

当$m=2$时，$n=3$. 设有3颗行星A_1，A_2，A_3，有$A_1A_2 < A_2A_3 < A_3A_1$，如图3.7.1所示，A_3是不被观测的行星.

设命题对m成立，即$n=2m-1$时命题成立. 我们证明对$m+1$，即$n=2m+1$时命题也成立，为此考虑$2m+1$颗行星的情况. 由于行星的距离两两不等，所以必然存在距离最近的两颗行星，不妨设为A，B，我们从$2m+1$颗行星系统中将A，B去掉. 剩下$2m-1$颗距离两两不等的行星.

由归纳假设，这$2m-1$颗行星中至少有一颗未被观测的行星. 不妨设此星为C星，我们把A，B加入系统后，因$AC > AB$，$BC > AB$，所以A，B上的天文学家仍不会观测C星，即C星仍是在$n=2m+1$的情况下不被观测的行星.

8. 麦场设置问题

　　某乡镇共有6块麦地，每块麦地的产量如图3.8.1所示. 试问麦场设在何处最好？（运输总量越小越好）

　　解：如图3.8.1所示，用移动比较法解题. 根据经验，麦场位置居中较好，不妨选 C 处进行比较，运输总量=运输质量×路程.

　　若麦场设在 G 处，CG 路程设为 d，则运输总量较在 C 处净增 $5d$（减少 $11d$，但增加 $16d$）. 若设在 A，B 处将增加更多.

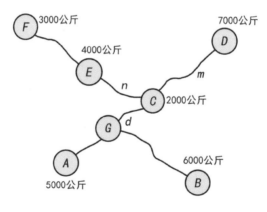

图 3.8.1

　　若麦场设在 D 处，CD 路程设为 m，则运输总量较在 C 处净增 $13m$（减少 $7m$，但增加 $20m$），所以麦场设在 C 处比设在 D 处好.

　　同样，若麦场设在 E 处，CE 路程设为 n，则运输总量较在 C 处净增 $13n$（减少 $7n$，但增加 $20n$），所以麦场设在 C 处比设在 E 处好，当然也比设在 F 处好.

　　综合上述，麦场设在 C 处最好.

9. 最短路径问题

某人从金坛市出发去常州、扬州、苏州、杭州各一次，最后返回金坛.

路费（元）	目的地				
		金坛	常州	扬州	苏州	杭州
始发地	金坛	0	30	40	50	60
	常州	30	0	15	25	30
	扬州	40	15	0	15	25
	苏州	50	25	15	0	15
	杭州	60	30	25	15	0

各市之间的路费如上表所示，请为他设计一条路费最省的路线.

答：路费最省的路线为金坛→常州→杭州→苏州→扬州→金坛或金坛→扬州→苏州→杭州→常州→金坛，共需路费130元.

理由：如图3.9.1所示，将两个城市之间的路费标在这两个城市间的连线上，可以看到有3对城市之间路费最低，都是15元.

因此，常州→扬州→苏州→杭州共用45元，这时我们组成方案1，金坛 —30→ 常州 —15→ 扬州 —15→ 苏州 —15→ 杭州 —60→ 金坛，共需路费135元.

然而方案2，金坛 —30→ 常州 —30→ 杭州 —15→ 苏州 —15→ 扬州 —40→ 金坛，共需路费130元.

因此，要路费最省，15元的路段至多只能用两条.

图 3.9.1

当有两条15元路段时，25元的路段至多有一条，因此，5段路费不少于

$$15+15+25+30+40=125（元）.$$

我们说明，总路费125元是不能实现的。事实上，由金坛一进一出的30+40=70（元）不能变动，如果变动，总路费便会增加。这样在选定金坛→常州，金坛→扬州的前提下，两条15元的路段不能取扬州→常州，而只能取扬州→苏州，苏州→杭州。这时无论再选扬州→苏州或苏州→常州的哪一条，都不能形成起于金坛最后又止于金坛的经过其余每个城市各一次的回路，所以总路费125元实际上是不能实现的。由于路费差价至少是5元，所以方案2的总路费130元是最省的。

当然，方案2也可以反向，所以有上面答案，路线如图3.9.2所示。

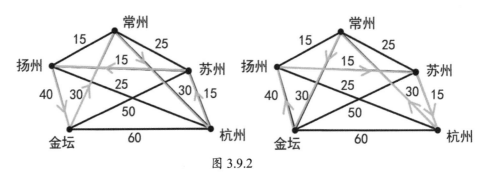

图 3.9.2

10. 站台设置问题

如图3.10.1所示，长为1000米、宽为600米的矩形$ABCD$是一个货场，A，D是入口。现拟在货场内建一个收费站P，在铁路线BC段上建一个发货站台H。设

铺设公路AP，DP及PH之和为l，试求l的最小值.

当铺设公路总长l取最小值时，请你指出收费站P和发货站台H的几何位置.

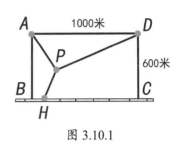

图 3.10.1

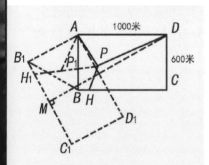

图 3.10.2

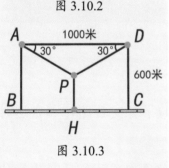

图 3.10.3

解：如图3.10.2所示，将矩形$ABCD$绕A点顺时针旋转60°得到$AB_1C_1D_1$，同时P旋转到P_1，H旋转到H_1. 则$AP=AP_1=PP_1$，$P_1H_1=PH$.

所以$l=PD+PA+PH=PD+PP_1+P_1H_1$，因此$l$的最小值，就是点$D$到定直线$B_1C_1$的距离$DM$. 经计算可知，

$$DM=1000\times\frac{\sqrt{3}}{2}+600=600+500\sqrt{3}\text{（米）}.$$

当铺设公路总长l取最小值时，收费站P的几何位置在以AD为底边两底角为30°的等腰三角形的顶点，发货站台H的几何位置在BC边的中点，如图3.10.3所示.

11. 长途车站的设置

如图3.11.1所示是一个工厂区地图，粗线是主干公路，七个工厂A_1，A_2，A_3，A_4，A_5，A_6，A_7分布在主干公路两侧，有一些分支公路与主干公路相连. 现要在主干公路上设一长途汽车站，车站到各工厂（沿分支公路走）的距离总和越小越好. 问这个车站设在什么地方最好？

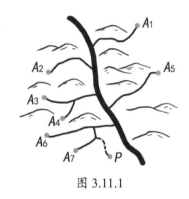

图 3.11.1

如果在P处又建一个工厂，并且沿着图上的虚线修了分支公路，那么这时车站设在什么地方最好？

刚拿到这个问题你会觉得有趣，但又无从下手，怎么办？我们还是先简化问题，由最简单的情况入手来探索规律. 先退到主干公路有两个路口、三个路口的最简单的情况进行分析.

解：（1）简化. 仔细分析，分支公路是工厂到车站的必行之路. 因为从各工厂沿分支公路到路口的路程总和是定值，所以只要研究车站设于何处，各路口到它的距离总和最小就可以了.

（2）从简单情况入手.

有两个路口A_1，A_2（用工厂代表路口）的情况如图3.11.2所示.

显然车站设在A_1A_2上任一点C（包括端点），由车站到路口路程总和为

$$A_1 \quad\quad C \quad\quad\quad A_2 \quad\quad\quad C_1$$

图 3.11.2

$A_1C+CA_2=A_1A_2$，为定值.若车站设在A_1A_2延长线上C_1点，则有$C_1A_1+C_1A_2 > A_1A_2$，可见，两个路口时车站设于两路口或其间任意一点均可.

三个路口A_1，A_2，A_3的情形如图3.11.3所示.

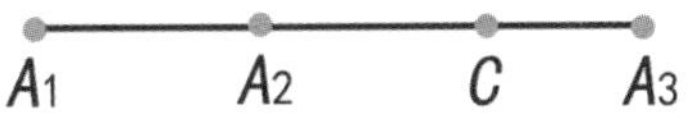

A_1，A_2是两个路口，依两个路口讨论的结论，车站设在A_1A_2上任一点均可，A_2，A_3也是

图 3.11.3

两个路口，车站可设在A_2A_3上的任一点，显然共同点为A_2，即车站设于A_2最好. $CA_1+CA_2+CA_3=A_1A_2+CA_2+A_2A_3=(A_1A_2+A_2A_3)+CA_2=A_1A_3+CA_2$，其中$A_1A_3$为定值，当$CA_2=0$时最好，即车站设于$A_2$最好.

以此类推，可以发现一个规律：

若路口为偶数$2n$个，A_1，A_2，A_3，$\cdots$，A_{2n}，则在A_nA_{n+1}上任一点设车站均可.

若路口为奇数$2n+1$个，A_1，A_2，A_3，$\cdots$，A_{2n+1}，这时车站设在第$n+1$个路口最好.

我们找到了一般规律，解法也就一目了然了.我们不难用数学归纳法证明上述规律的正确性，证明略.

七个工厂时看成主干公路上有七个路口，可见，车站设在第四个路口D处最好.

加一个工厂P，变成八个工厂，看成主干公路上有八个路口，车站设在第四、五个路口D，E或在DE之间均可，如图3.11.4所示.

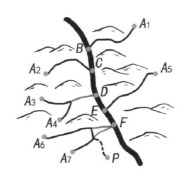

图 3.11.4

通过以上的探索和研究，这种车站设置问题已经普及成为小学生可以接受的一种喜闻乐见的问题了.

四、形海拾贝纵横谈

纯数学也正是这样，它在以后被应用于世界，虽然它是从这个世界得出来的，并且只表现世界的联系形式的一部分——正是仅仅因为这样，它才是可应用的.

——恩格斯《反杜林论》

宇宙之大，粒子之微，火箭之速，化工之巧，地球之变，生物之谜，日用之繁，无处不用数学.

——华罗庚

开学后利用教师节的时间，学校安排了"趣味几何研学行"夏令营汇报会，会场座无虚席. 师生共同讲述在研学行夏令营中发生的故事，我们集录了一些片段编为"形海拾贝纵横谈"以飨读者.

1. 华罗庚估算稻叶的面积

水稻的生长依赖于光合作用，而叶子是植物进行光合作用的重要部分，因此，在研究水稻的生长情况，特别是研究丰产经验时，经常要算一下稻叶的面积是多少.

叶面是以曲线为周界的，农学家经常用一个简洁公式来计算稻叶的面积：稻叶面积A=长×宽÷1.2.

华罗庚（1910—1985 年）

这是印度数理统计学家R.O.Bose分析了大量印度稻叶样本得出的一个计算稻叶面积A的经验公式.

这是一个好公式，但是和一般的经验公式一样有它的局限性. 一些中国农学家也应用这个公式估算他们试验田的产量，华罗庚教授是一个具有广博知识和相当数学修养的科学家，能很容易看出某个经验公式的意义. 而华罗庚教授看了农学家稻田里叶子的形状后，便立刻指出，这个公式不适合他们的稻叶. 一些农学家采集了一些稻叶样本来测量，果然发现这个公式估算的稻叶面积比实际稻叶面积大. 他们很奇怪，华罗庚教授向他们解释理由如下：

如图4.1.1(a)所示是R.O.Bose经验公式适合的稻叶形状，可见，这个图形的面积约等于$2ld + \frac{1}{2}ld = \frac{5}{2}ld$，矩形面积$3ld$恰是它的1.2倍，因此印度稻叶用这个公式算面积是合理的.

然而中国的稻叶形状如图4.1.1(b)所示，形状更为狭长，其面积应为

$$A = ld + \frac{1}{2}ld = \frac{3}{2}ld.$$

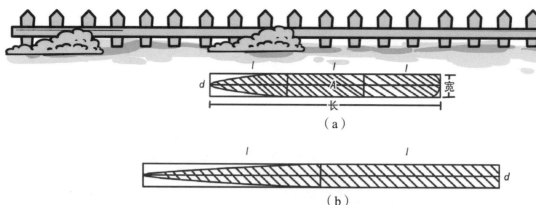

（a）

（b）

图 4.1.1

矩形面积 $2ld$ 恰是它的 $\dfrac{4}{3} \approx 1.3$ 倍，很容易解释用R.O.Bose的公式会高估了中国稻叶的面积.

华罗庚教授告诉我们，探求一个经验公式的数学背景是非常重要的！采用外国的公式一定要了解其产生的背景，看它的背景是否符合我们的实际，这样才能得到可信的结果.

华罗庚教授是自学成才的世界著名数学家. 20世纪50年代，华罗庚教授放弃在美国成为终身教授所带来的优越生活，毅然携全家辗转回国，参加新中国的建设，创办了中国科学院数学研究所，为我国数学发展打下了基础. 20世纪60年代—20世纪70年代，华罗庚教授亲自带领小分队普及推广优选法和统筹法，开拓经济数学新领域，使数学为国民经济建设服务做出了突出的贡献. 毛泽东同志写信给他"不为个人，而为人民服务，十分欢迎". 华罗庚教授为发现和培养人才，亲自主持开展数学竞赛，组织数学家为青少年开设数学课外讲座，撰写青少年数学读物，为我国的数学教育普及工作做出了杰出的贡献. 华罗庚教授热爱祖国、热爱科学，为我国数学事业和数学教育事业献身，他是我们大家学习的楷模.

2020年7月28日，由中国科学院紫金山天文台于2008年2月29日发现的、国际编号为364875号的小行星，获得国际小行星命名委员会批准，被正式命名为"华罗庚星". 又一颗以中国科学家名字命名的小行星——"华罗庚星"闪耀苍穹. 小行星是目前各类天体中唯一可以根据发现者意愿进行提名，并经国际组织审核批准从而得到国际公认的天体.小行星命名是一项国际性、永久性的崇高荣誉，必须得到国际小行星命名委员会的审批，命名一旦获国际组织批准，将成为该天体的永久星名，并被世界各国所公认.

2. 蚂蚁沿多边形爬行一周的转角和

记得在1980年，美籍华人数学家陈省身（1911—2004年）在北京大学做了一次学术报告，报告一开场，陈教授就语惊四座，他说："人们都说的'三角形内角和等于180°'是不对的！"场内的听众被他的话惊呆了。是陈教授口误了？还是自己听错了？在大家正要交头接耳议论时，陈教授接着说："说'三角形内角和等于180°'不

陈省身（1911—2004年）

对，不是说这个结论不对，而是说这种看问题的方法不对，应该是'三角形的外角和等于360°'才对头."

为什么陈教授要这么说呢？因为这样说更具有一般性、普遍性.

因为，不只是三角形的外角和等于360°，而是所有的凸n边形（$n=3,4,5,\cdots$）的外角和都等于360°.

设想一只蚂蚁沿着凸n边形爬行，它爬到一个顶点，就要转过一个角度，然后继续爬行，到第二个顶点时，又要转过一个角度继续爬行，这样一直爬下去，直到爬到起始点。它转过角度的改变量的总和就是360°。即使对于非凸n边形这个结论也成立，只是转角分正向转角和负向转角，结论是对非凸n边形蚂蚁爬行一周的转角的代数和等于360°。进一步设想蚂蚁沿着圆周爬行，每一点都是由切线方向连续地转到相邻点的切线方向，爬行一周的转角也恰是360°。

陈教授把眼光从"内角和"转到"外角和"，就可以将"外角和等于360°"推广到"行进方向改变量是360°"。在此基础上陈教授还研究了绕曲面上一条封闭曲线的"爬行"的方向改变量的总和。并且在1944年找到了一般曲面上封闭曲线方向改变量总和的公式，这就是"高斯-博内-陈公式"，并在此基础上发展出"陈氏类"理论。该理论在物理方面有重要的应用，被称为是划时代的贡献。

3. 单位正方形裂痕问题

在单位正方形周界任两点之间连一曲线,如果它恰把这个正方形分成面积相等的两部分.试证:这个曲线段的长度不小于1.

分析:(1)"周界任两点"在正方形的一组对边上时,如图4.3.1(a)所示,结论显然成立(注意,这种情形未用"它恰把这个正方形分成面积相等的两部分"的条件).

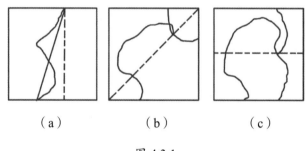

| （a） | （b） | （c） |

图 4.3.1

(2)"周界任两点"在正方形的一组邻边上时,可连一条对角线,如图4.3.1(b)所示,由于曲线把这个正方形分成面积相等的两部分,所以曲线必与所连的对角线相交,以所连对角线为对称轴,将曲线与对角线交点之间的部分作轴对称变换,可将整个曲线化归为(1)的情形.

(3)"周界任两点"在正方形的同一边上时,可选一组对边中点连线,如图4.3.1(c)所示,由于曲线把这个正方形分成面积相等的两部分,所以曲线必与所连的对边中点连线相交,以所连的一组对边中点连线为对称轴,将曲线与对边中点连线交点之间的部分作轴对称变换,可将整个曲线也化归为(1)的情形.

在上述(1)(2)(3)中,(1)是最基本的情况,通过轴对称(反射），实现了将（2）（3）化归为（1）的情形，从而得到问题的解答.

在轴对称图形中，经常要想到设法利用图形的轴对称性质来添加辅助线，这样会使我们的思路开阔起来.

有兴趣的读者可以证明类似的问题：两端在同一圆周上且将此圆分成面积相等的两部分的曲线中，此圆的直径长度最短.

其实，以上两个问题都是著名数学家G.波利亚（G.Polya）提出的猜想：任意给定一个平面区域G，所有将G分为面积相等的两部分的一切曲线中，具有最小长度的必是直线段或圆弧. 这个问题很长时间未被解决，直到20世纪70年代才由提出者的一个学生予以证实. 上述两个问题，其实只是这个猜想命题的两个特例.

4. 最少几颗同步卫星

赵老师向大家介绍了一道自己20年前参与讨论过的实际问题. 那时如何办好第29届奥林匹克运动会是我国人民关心的热点话题.

假设地球是半径为R的球体，那么在地面向上空发射同步卫星，可以转发中央电视台的第29届奥林匹克运动会开幕式的信号. 我们的问题是，要使全球每一个角落都能即时接收到第29届奥林匹克运动会开幕式的实况转播，至少需要发射几颗地球同步卫星？

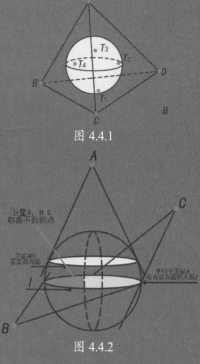

这曾是2003年暑假几位老师在旅游途中议论的一个问题，大家对这个问题很感兴趣，很快得出4颗同步卫星是可以的. 这只要想到如图4.4.1所示的正四面体存在内切球就明白了.

图 4.4.1

在图4.4.1中，A,B,C,D是一个正四面体的4个顶点，代表4颗地球的同步卫星.

地球是这个正四面体的内切球，同面BCD切于点T_1，同面ACD切于点T_2，同面ABD切于点T_3，同面ABC切于点T_4.

图 4.4.2

可见，4颗同步卫星可以实现电视信号的即时全球覆盖.

问题是4颗卫星是最少的吗？ 这需要证明3颗卫星必定不能实现信号全球覆盖. 这部分证明在开动的汽车上一时没有得到解决，得到的只是直观的猜想：卫星个数的最小值是4.

到了目的地，闲暇之余，我们想到了证明3颗卫星不能实现信号全球覆盖的方法. 用"若3颗卫星，至少存在一点不能覆盖"的方法. 思路是这样的：

（1）由于信号电波以直线传播，一颗同步卫星直射（覆盖）的最大面积小于半个球面，如图4.4.2所示，一颗同步卫星A的电波只能覆盖以A为顶点、蓝色的截面圆为底面的圆锥内部球冠的部分. 平行于覆盖截面圆的大圆l是同步卫星A的电波直射（覆盖）不到的. 观察圆中虚线的大圆易知，任何卫星发射的电波直射任何大圆的部分一定小于大圆的半个周长. 因此其他同步卫星至多直射大圆l的部分小于大圆l周长的一半.

（2）由于一颗卫星至多直射一个大圆l的部分小于大圆l周长的一半. 因此，再用两颗卫星B和C也是直射大圆l的部分小于大圆l的周长.

（3）因此，大圆l上至少存在一点不能被卫星B，C发射的电波直射到，又已知大圆l也不能被卫星A发射的电波直射到，所以大圆l上存在不能被3颗卫星A，B和C发射的电波直射到的点.

因此，要使全球每一个角落都能即时接收到第29届奥林匹克运动会开幕式的实况转播，3颗同步卫星是不够的，所以至少需要发射4颗地球同步卫星.

5. 有趣的四色问题

    1852年，一名叫F.格思里的英国大学生在制作地图时发现，每一幅地图只需用4种颜色着色，就能将相邻的国家区分开.但是格思里找不出理由，他便告诉哥哥弗雷德里克："每张地图上的国家总能用4种颜色着色，使邻国异色."弗雷德里克动手做了不少实验，也没有发现差错，感到十分惊奇.当时兄弟二人在伦敦大学听著名数学家德·摩根（1806—1871年）的课，他们便拿这个地图着色问题请教德·摩根，德·摩根经研究发现一个重要线索：地图上不会有5个区域彼此相邻.当然这一个线索并不能算作四色问题为真的数学证明.于是，德·摩根又去找著名几何学家哈密尔顿一起研究.哈密尔顿经过长达13年的探索，直到他1865年去世，依然毫无结果.

    1878年，英国著名数学家A.凯莱（1821—1895年）在伦敦数学年会上，饶有兴趣地将四色问题提了出来，寄希望全世界的数学工作者能给出问题的证明，这样"四色猜想"就诞生了.

    不到一年时间，伦敦数学会会员A.B.肯普（A.B.Kempe，1849—1922年）发表了一篇论文宣称证明了"四色猜想"为真.肯普的证法极为巧妙，11年后的1890年，P.J.希伍德（P.J.Heawood，1861—1955年）挑出了肯普证明中的不可纠正的错误，且沿用肯普的技巧证明了五色定理：用不超过5种颜色可以染任何地图，使邻国异色.以后对"四色猜想"的研究，消耗了不少著名数学家[如伯克豪夫（Birkhoff）]和无数业余数学爱好者大量的精力.

    这样一个很容易用普通（自然）语言对任何外行人讲清楚的问题，竟使数学家们绞尽了脑汁.最有趣的是，有一位大数学家叫闵可夫斯基——爱因斯坦的老师，他一向治学严谨，但在这个问题上却"翻了车".有一天他在给大学生上课时，有位学生向他请教四色问题，他把问题看得太简单了，他说："四色问题之所以一直未获解决，那仅仅是由于当今世界上第一流的数学家没有研究它." 他拿起粉笔，竟要当堂给学生推导，结果，他"挂"了黑板. 下一堂课他又去试，又"挂"了黑板，一连几个星期都毫无进展. 有一天，他疲惫不堪地走进教室，这时，惊雷震耳，暴雨倾盆. 他愧疚地对学生说："上天在指责我狂妄自大，我也没办法解决四色问题."

此后，经过多少数学家的探索努力，虽然未能证明"四色问题"，但找到了一条证明四色问题的思路. 只可惜工作量很大，如果由一个人计算需要几十万年，就是按20世纪70年代初的计算机水平，也要用10万小时才能完成，可以想象工作量是多么巨大！

后来，计算机性能不断提高，数学家也把证明四色问题的方案加以改进，就有人试图用计算机来证明四色问题.

直到1976年，美国数学家阿佩尔（Apeel）和哈肯（Haken）使用计算机用了1200小时，终于完成了四色问题的证明，使它成为了"四色定理"，这是20世纪数学的重大成果之一. 整个数学界乃至整个国际社会为之轰动. 这个证明，表明了以计算机为基础的人工智能对数学的发展有不可估量的意义. 难怪有人认为，这一点比解决四色问题本身更为重要.

说到这里，我们看到1975年（阿佩尔使用计算机完成四色问题证明的前一年）美国杂志《科学世界》四月号曾举出一张地图，如图4.5.1所示，其作者断言，这张地图不能按需要的方式涂上4种颜色.

当然，这完全只是愚人节的玩笑！其实，用4种颜色可以涂这张100个国家的地图，使得相邻的国家都是不同的颜色. 不妨你可以试试看！

答案：图4.5.2中1，2，3，4代表不同的4种颜色.

图 4.5.1

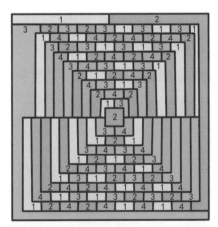

图 4.5.2

6. 柳卡问题

据说，在19世纪的一次国际数学学术会议期间，一天晚上用餐时，大家海阔天空地聊了起来. 这时法国数学家柳卡给大家出了一道题，让大家做一做思维的体操. 题目是这样的：

法国巴黎和美国纽约之间有轮船来往，轮船在途中要开7天7夜，假定轮船是按一定的速度匀速行驶在大西洋指定的航线上的.

已知每天中午12点整从巴黎开出一艘轮船驶向美国纽约；每天同一时间，从美国纽约也开出一艘轮船驶向法国巴黎.

问：一艘从巴黎开出的轮船，在到达纽约的途中会遇到几艘从纽约开来的轮船？

大家一时静了下来！有人会猜，航行7天7夜，那么答案应是7艘！

不对！轮船是动态的！所以，你想数清楚对面开来的轮船数量是有一定难度的.

据说柳卡的问题引起了众多数学家的兴趣，他们给出的答案也是五花八门. 这道题够数学家们思索一番的.

其实，用一张航程图就可以很轻松地解答柳卡问题. 图4.6.1是一张巴黎到纽约的航程图，上面是从巴黎开出的轮船的出发日，下面是从纽约开出的轮船的出发日.

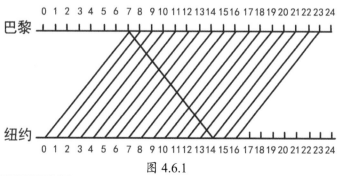

图 4.6.1

因为从纽约开出的轮船每天一班，到达巴黎是在7天之后. 于是我们在下面第 "0" 天到上面的第 "7" 天之间连一条斜线，在下面第 "1" 天到上面的第 "8" 天之间连一条斜线，依次类推.

从上往下的连线，我们只看第 "7" 天从巴黎出发第 "14" 天到纽约的连线，轮船正午12点出发，正巧遇到从纽约 "0" 天开出的轮船经过7昼夜后到达巴黎，这是它遇到的第1艘轮船. 在图中数出中途相交的斜线有13条，即遇到13

艘从纽约开出的轮船. 最后这艘轮船在到达纽约时，正是第 "14" 天的中午，恰有一艘从纽约开往巴黎的轮船起航，所以又遇到1艘从纽约开往巴黎的轮船，总计，整个航程要遇到15艘从纽约开往巴黎的轮船.

解答柳卡问题的这种航行图，在铁路运输、航运甚至安排课程表时都很有用处. 近年来，随着人工智能的发展，人们已经可以编制十分复杂的运行图了.

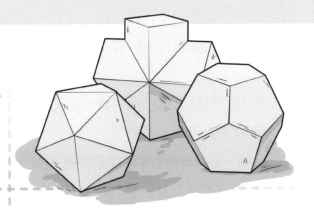

7. 哈密尔顿环游世界问题

哈密尔顿（William R.Hamilton，1805—1865年）是英国数学家，他5岁就能读拉丁文、希腊文和希伯来文，8岁时又学了意大利文和法文，10岁时能读阿拉伯文和梵文，14岁时还学会了波斯文. 1823年他进了都柏林的三一学院，他是一名出色的学生. 1827年他呈送皇家科学院一篇题为《光线系统的理论》的修改稿，该文建立了几何光学，1828年该文发表在《爱尔兰皇家科学院学报》上. 1827年，当他还是一名大学生时，就被任命为三一学院的天文学教授，从而获得了爱尔兰皇家科学家的头衔. 他在数学上的主要工作是关于四元数的，1843年他在爱尔兰皇家科学院会议上宣读了四元数的发明，并为发展这个课题贡献了余生. 1853年他出版了《四元数讲义》，他的两卷《四元数基础》在他去世后的1866年才出版.

正十二面体是由12个正五边形围成的多面体，如图4.7.1(a)所示，正十二面体有20个顶点，30条棱. 哈密尔顿问题是从正十二面体的一个顶点出发，规定只能沿着棱行进，并且同一个顶点不能经过两次，问能否一个不漏地走遍这20个顶点，最后再回到出发的那个顶点？当然，不要求（也不可能）把所有的棱都走遍.

图4.7.1(b)给出了一种走法，只要由1开始，依次按2，3，…，19，20的次序走最后就可以回到1.

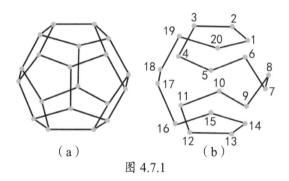

（a）　　　　（b）

图 4.7.1

1859年哈密尔顿将这个问题改制成了一个小玩具：将正十二面体先挖去一个面，然后拉伸得到如图4.7.2(a)或(b)所示的平面网络，按图4.7.2(a)或(b)所示做成小木盘，再分别在"●"处挖一个小洞，一个小洞内插一个旗子，然后一个接一个地拔掉相邻的旗子，要求不仅要把所有的旗子拔光，

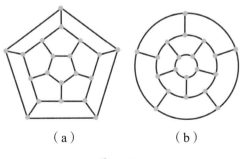

（a）　　　　（b）

图 4.7.2

而且要使最后一个拔掉的旗子必须与最先拔掉的那个小旗子相邻，才算成功.

哈密尔顿根据问题将正十二面体设计加工成了玩具，并将它出售了，价格是一个25英镑，并且标上了说明书，大意是：十二面遨游，单身周游列国游戏，本玩具系钦命爱尔兰天文学博士、爵士W.R.哈密尔顿的发明，宴会席上，作为即兴表演，无比稀奇.

适当选择地球上的20个城市和其间的路线，构成周游世界的旅行图，确实是个好游戏. 既然是个好游戏，就需要自己来寻找路线，只有开动脑筋找出规律，才可保证次次成功.

这个游戏后来被称为"哈密尔顿周游世界问题".

哈密尔顿周游世界问题作为数学发明和发现，其意义非常重大. 20世纪发展成为数学分支的图论，就是在哈密尔顿周游世界等问题的基础上发展起来的.

在图论中，将一个连通图的所有结点走遍的路线叫哈密尔顿圈，怎样找哈密尔顿圈，怎么求最短的哈密尔顿圈，成为一个重要的课题，也叫作"货郎担问题".意思是一个货郎，挑着担子卖货，如何选择路线，使其恰好经过每个村子一次，最后回到出发地而使总路程最短. 这类问题非常之多，如一个医疗队下乡，一个乌兰牧骑艺术分队巡回演出，一个慰问团到灾区居民点送温暖等，要求每个居民点都恰好经过一次，最后回到出发地，如何选择路线，才能使总路程最短，都是"货郎担问题". 此问题推动了在近20年迅速发展起来的网络优化理论和方法，在信息论、控制论、工程技术、交通运输、社会集团结构等众多领域得到了广泛的应用.

8. 七桥问题

18世纪东欧的哥尼斯堡城，有如图4.8.1（a）所示的七座桥.居民经常沿河过桥散步，到两岸、河心岛、半岛上一览风光，居民由此提出了一个问题.

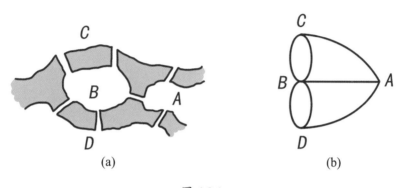

图 4.8.1

一个散步者能否一次走遍这七座桥，而每座桥只许通过一次，最后仍回到起始地点？

这个问题看起来似乎不难，然而众多热心散步的市民们都没找到答案. 于是问题被提到了大数学家欧拉（Euler，1707—1783年）那里，欧拉以深邃的洞察力很快证明了这样的走法根本不存在.

欧拉是这样思考的：既然岛与半岛是桥的连接地点，两岸陆地也是桥通往的地点，那么就不妨把这4处地方抽象成A，B，C，D四个点，把七座桥表示成这四个点间的七条线，如图4.8.1（b）所示. 当然，这样做并不改变问题的本质.于是人们企图一次无重复地走过七座桥的"七桥问题"，就等价于如图4.8.1（b）所示的图形能否一笔画的问题. 欧拉作为数学大师，把实际中的"七桥问题"抽象成了"一笔画"模型. 当千百个过桥者在实际的桥上转得昏头昏脑而不得其解时，欧拉的数学思维却大有高屋建瓴之势，这正是一个生动的数学建模过程.

欧拉所画的图4.8.1（b）叫作"图"，A，B，C，D叫作图的顶点，两顶点之间的连线叫作边.欧拉着手研究这个图，它若能一笔画，从A点出发不重复地走遍所有的边，再返回A点，这样的图有什么性质呢？容易看到，在每个顶点处都从一条边进入再从另一条边走出，一进一出，这个顶点应聚结偶数条边.对起点A也是如此，开始由A走出，中间不管有无边的进出，最后总要有另一条边返回A点.所以A点聚结的也是偶数条边.这表明，凡能从某顶点A出发不重复地走遍所有边又最后返回A点的图，每个顶点都聚结偶数条边，然而如图4.8.1（b）所示的图形中A，B，C，D各顶点都聚结着奇数条边，所以这个图形不能"一笔画"，所谓"七桥问题"就这样轻松地被解决了.欧拉进一步研究指出，若将图中集聚偶数条边的顶点叫作"偶点"，集聚奇数条边的顶点叫作"奇点"，只有两个奇点的连通图也可以由一个奇点出发最后到另一个奇点结束，实现一笔画.因此一个连通图可以一笔画的充要条件是：这个连通图奇点的个数是0或2.欧拉于1736年在圣彼得堡科学院做了一个关于解决"七桥问题"的报告，公布了他的研究成果.欧拉首先看出这个问题是属于莱布尼兹所说的"位置几何学"，即拓扑学，并明确指出他所发现的解答这类问题的方法，可以作为"位置几何学"的一个例子.因此，欧拉的这篇报告是世界上最早的一篇拓扑学论文，它建立了网络论几何学的基础，与拓扑学有着密切的联系.

到了20世纪，运筹学建立起来了，解决"七桥问题"的奇、偶点分析法，被引用到最优化理论中，发展出了"中国邮路问题".

"中国邮路问题"说的是：邮递员的工作是在邮局中分拣出邮件，然后送到他所管辖的地段的客户手中，最后再返回邮局.要完成当天的投递任务，他必须走过他所管辖的每条街道至少一次.问如何安排投递路线才能使他的总行程最短？

我们看一道简化的邮路问题：某邮递员投递区域的街道如图4.8.2所示，投递路线的起点和终点为途中的E点（邮局），图上的数字表示各路段的长度（单位：千米）.请为邮递员设计一条最短投递路线，并求出最短投递路线的长度.

请大家动脑筋想一想，不难求得最短投递路线是：

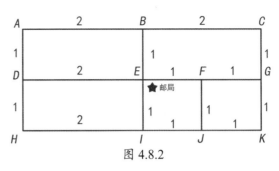

图 4.8.2

$E \to D \to H \to I \to J \to K \to G \to C \to B \to A \to D \to E \to B \to E \to F \to G \to F \to J \to I \to E$，投递路线的最短长度是24千米.

"中国邮路问题"是我国数学家管梅谷教授在1960年提出并解决的.

9. 奇妙的莫比乌斯带

将一长条形纸带两面都画上中轴线，然后将纸带的一端翻转，把两端粘在一起，如图4.9.1 所示，再沿中轴线剪开，请你观察所得的结果，并进行如下操作：将一长条形纸带的一端两次翻转后，再将两端粘在一起，然后沿中轴线剪开. 请在一分钟之内完成，并展示你的成果.

如图4.9.1 所示的图形叫莫比乌斯带，莫比乌斯带是德国数学家莫比乌斯（Mobius，1790—1868年）于1858年发现的，它的奇妙之处在于它是一个单侧曲面，即莫比乌斯带没有正反面. 也就是说，如果一只蚂蚁从这个带子一个面上的某一点出发爬行，不越过带子的边缘，竟然会爬到原来出发点的背面去. 或者将这个带子染上颜色，最后竟分不清带子的正反面，这时若将莫比乌斯带再沿中轴线剪开，结果不是形成两个圈，而是一个圈，只是它扭转得更厉害些.

我们继续完成后面指定的操作：将长条形纸带的一端作两次翻转，再将两端粘在一起，沿中轴线剪开，得到两个套在一起的经过一次翻转黏结两端而成的纸带，如图4.9.2所示.

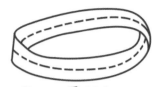

图 4.9.1

莫比乌斯带是数学的一个分支——拓扑学的研究内容，它原来只是一种游戏，后来人们逐渐发现它有不少实际应用场景.

第一个应用场景是皮带传动轮，普通的皮带一定是一面磨损较严重，另一面磨损较轻.如果先将皮带一端扭转一下，再将两端黏结在一起，变成莫比乌斯带，那么皮带的磨损将是均匀的.

据传，还有一些发明与莫比乌斯带有关.

1923年，一个叫佛列斯特的人设计了一种两面都可以录音的录音带；

哈特获得了一种莫比乌斯研磨带的专利；

1963年，雅科布斯制造出使机器清洁干燥用的莫比乌斯自我洁净器；

大卫斯发明了一种无抗电阻的莫比乌斯带，获得了美国原子能委员会的专利；

1981年，美国科罗拉多大学的瓦尔巴合成了一种具有莫比乌斯带形式的分子；

另外，由于莫比乌斯带的造型独特，被广泛地应用于艺术领域中.例如，在美国华盛顿区的一个博物馆外面，就竖立有一座钢制的莫比乌斯带的艺术模型.

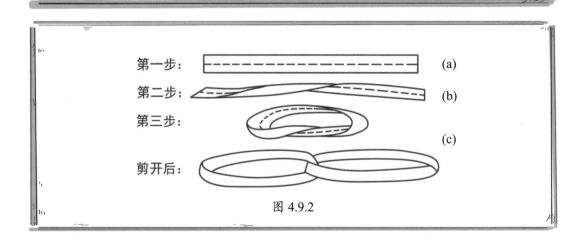

第一步：   (a)

第二步：   (b)

第三步：   (c)

剪开后：

图 4.9.2

请你思考：如图4.9.3所示，将带有中轴线折痕、长度分别为12厘米、15厘米的不透明纸带的一端分别扭转180°，360°与另一端粘在一起（黏结宽度忽略不计）．如果每条纸带上各有一只蚂蚁以中轴线折痕的某一点为始点，以相同速度沿各自的折痕向前爬行．问后回到始点的蚂蚁所用时间是先回到始点的蚂蚁所用时间的多少倍？

答案：1.6倍．

理由：早回到始点的是长度为15厘米纸带上的蚂蚁．爬行15厘米；后回到起点的是12厘米纸带上的蚂蚁，爬行12×2=24（厘米）．由于爬行速度相同，所以后回到始点的蚂蚁所用时间是早回到始点的蚂蚁所用时间的 $\frac{24}{15}$ =1.6倍．

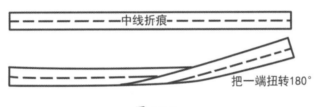

图 4.9.3

10. 雪花曲线

从如图4.10.1(a)所示的等边三角形开始，将三角形的每条边三等分，然后以中间的线段为边向外作新的等边三角形，如图4.10.1(b)所示，得到一个"雪花六角形"．接着将"雪花六角形"12条边的每一条三等分，仍以中间的线段为边向外作新的等边三角形，如图4.10.1(c)所示，得到一个新的"雪花形"。问图4.10.1(c)的面积与图4.10.1(a)的面积的比是多少？

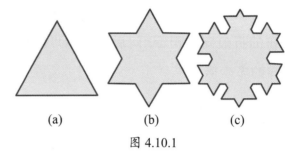

图 4.10.1

理由：设图4.10.1(a)的等边三角形的面积是1，在图4.10.1(b)中，每条边上增加的等边三角形的面积是 $\frac{1}{9}$，共增加了3个等边三角形，所以图4.10.1(b)的面积和图4.10.1(a)的面积的比是 $\frac{4}{3}$。类似地，图4.10.1(c)中外边缘增加的小等边三角形的面积是 $\frac{1}{9} \times \frac{1}{9} = \frac{1}{81}$，共增加了12个小的等边三角形，所以图4.10.1(c)的面积是 $\frac{4}{3} + 12 \times \frac{1}{81} = \frac{4}{3} + \frac{4}{27} = \frac{40}{27}$。

所以，图4.10.1(c)的面积和图4.10.1(a)的面积比是40：27。

如果继续将图4.10.1(c)的"雪花形"48条边的每一条作三等分，然后仍以中间的线段为边向外作新的等边三角形，得到第3次的"雪花形"，按上述规律无限作下去，"雪花形"的周长趋向于无穷大，但"雪花形"的面积是有限值。这就是瑞典数学家科赫于1904年创造出的一种讨人喜欢的怪曲线，现在称为科赫雪花（也称科赫曲线）。

此外，1915年发现的谢尔宾斯基（Sierpinski）衬垫，如图4.10.2所示，也具有类似的性质：图形具有局部放大后与整体形状相似的自相似性，其维数不必为整数。

图 4.10.2

1967年法国数学家曼德尔布罗特（Mandelbrot，B.B.）思考"英国海岸线到底有多长"时发现一个怪现象：这个长度是不确定的. 测量时若不断提高测量精度（如尽量多地设置测量点，相邻点间用连接它们的折线替代），所得海岸线长就会增长（且随测量点的增加无限地增长），如图4.10.3所示. 随着过程的延续最终结论是：海岸线长是一个无穷大量. 这是多么出乎意料啊！但这却给慧眼独具的数学家们一个发现的机会，联想起1904年瑞典数学家科赫发现的科赫雪花，以及那些早就被数学家们熟视无睹的"病态曲线"，这些都属于曼德尔布罗特在20世纪70年代创建的分形理论中的例子，为分形概念的产生提供了契机. 1976年分形学诞生了.

英国海岸线长度测量示意图

图 4.10.3

分形理论的兴起，为研究天空中的云团，海岸线的长度，星球的分布，生物体的生长，甚至社会科学中的人口、物价等问题中隐蔽的规律提供了全新的概念与方法.

11. 高斯与正十七边形的尺规作图

第 30 届 IMO 的会徽

1989年7月13日至7月24日，第30届国际数学奥林匹克（IMO）在德国布伦瑞克（Braunchweig）举行. 第30届IMO的会徽是一个环绕着高斯肖像的正十七边形.

布伦瑞克——高斯——正十七边形，这之间存在着怎样的联系呢？

布伦瑞克是数学家高斯（1777—1855年）的故乡，那里有座高斯的铜像，铜像是高斯诞辰100周年（1877年4月30日）时动工，1880年竣工的.

高斯出生在一个水道工人家庭，童年时期他就表现出了超常的数学天赋. 关于高斯，有一个令人难以置信的故事，就是他3岁时的一个星期六，高斯的父亲正在计算他管辖的工人一周的工钱，他不知道小高斯也在专心地跟他计算，当他快要结束长长的计算时，吃惊地听到小高斯尖声地说："爸爸，算错了，应该是……"核对账单的结果，表明小高斯说的数是对的. 高斯7岁进入平民学校接受初等教育，他突出的数学才能常常使老师和同学们感到惊异. 高斯10岁时，一天他的老师为了使全班同学都有事干，让每个学生把1到100这些整数加起来求和. 小高斯听完题目后很快便把和数写在石板（用石笔往上写字，然后可以擦去的一种学生文化用品）上，并反放在老师的桌子上. 大家都做完，并将所有石板都翻过来后，这位老师惊讶地发现，只有高斯得出了正确的答案5050，但是高斯没有写演算过程，其实高斯已经在大脑里对1+2+3+…+98+99+100这个算术级数求了和，他注意到100+1=101，99+2=101，98+3=101，……，共50对数，每对数之和都是101，因而答案应是50×101=5050. 高斯在晚年曾幽默地对别人讲："在学会说话之前，我就学会了计数."

高斯后来成为大数学家、物理学家、天文学家，他是近代数学的奠基者之一，在历史上影响之大可以和阿基米德、牛顿、欧拉并列．高斯的数学研究几乎遍及所有领域，他在数论、代数学、非欧几何、复变函数和微分几何等方面都作出了开创性的贡献，他还把数学应用于天文学、大地测量学和磁学的研究．高斯一生发表论文155篇，治学极为严谨．1855年2月23日高斯在哥廷根天文台逝世之后，汉诺威王命人为高斯制作了一个纪念章，上面镂刻有"献给数学王子"的字样，从那以后，高斯就以"数学王子"著称于世．

那么正十七边形与这位"数学王子"有什么关系呢？原来，高斯15岁进布伦瑞克学院学习，18岁进哥廷根大学攻读，这时高斯在为将来当语言学家还是当数学家而犹豫不决，他最终决定献身数学是1796年4月30日的事，这时他差一个月就满19岁了，他对欧几里得作图理论产生了浓厚的兴趣，其间发现了正十七边形的尺规作图法，高斯为此感到自豪．从这一天起他开始写他的科学日记，这本日记记载了他多年科学研究的成果，被完整保留至今．

1801年高斯给出并证明了正n边形可否尺规作图的办法．

高斯定理：当且仅当n是如下形式的自然数时，才可实现仅用尺规把圆周n等分。

（1）$n = 2^m$；

（2）$n = p = 2^{2^t} + 1$，其中p是质数；

（3）$n = 2^m p_1 p_2 \cdots p_k$，其中$p_i$是$2^{2^t} + 1$型，且彼此互不相同的质数.

高斯定理从理论上彻底解决了用尺规作图将圆周n等分的问题.

高斯要求在他去世以后能将正十七边形刻在他的墓碑上，虽然这个要求未被满足，但是在高斯出生地布伦瑞克为其建立的纪念碑的底座上有这样一个正十七边形，应该说正十七边形的尺规作图是"数学王子"高斯一生成就的奠基石.

大家知道正n边形的尺规作图，也就相当于将一个任意半径的圆周用尺规作图n等分. 至于正十七边形的尺规作图方法，本文介绍一种作法以供读者参考.

如图4.11.1所示，设AA_0是圆O的直径，圆O的半径为R.

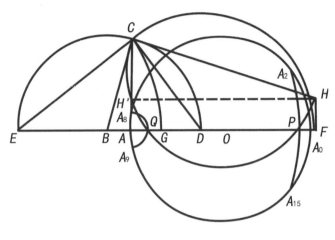

图 4.11.1

（1）作$AC \perp AA_0$，取 $AC = R$.

（2）延长A_0A，使$AB = \dfrac{R}{4}$.

（3）以B为圆心，BC为半径作半圆交AA_0所在的直线于D和E.

（4）以D为圆心，DC为半径作弧交AA_0的延长线于F.

（5）以E为圆心，EC为半径作弧交AA_0于G.

（6）作$FH \perp AA_0$，且取 $FH = AG$.

（7）连接CH，令H与C同在AF的一侧，以CH为直径作一个半圆交AF于P，Q，设Q介于A，P之间，令H'是所作半圆与AC的交点.

（8）以A为圆心，AP为半径作弧，交圆O于A_2，A_{15}；以A为圆心，AQ为半径作弧，交圆O于A_8，A_9.

（9）平分圆O中的弧A_0A_2得中点A_1，则A_0A_1就是圆内接正十七边形的一边.依次作弧可得正十七边形.

此作法为欧阳琦法，相关资料可查阅1954年5月号《数学通讯》.

12.三大尺规
作图问题古今谈

在公元前5世纪，希腊的雅典城内有一个容纳各方面学者的智者（巧辩）学派，他们首次提出并研究了下面三个尺规作图问题.

（1）三等分角（The trisection an angle），即将一个给定的任意角分为三个相等的角.

（2）倍立方体（The duplication of the cube），即求作一个立方体的边，使该立方体的体积为给定立方体的两倍.

（3）化圆为方（The quadrature of the circle），即作一个正方形，使其与一给定的圆面积相等.

这就是数学史上著名的几何三大问题，它们是古希腊人在用尺规解出了一些作图题后的一种自然引申. 因为尺规可以二等分任意角，于是自然就想到三等分任意角；因为以正方形对角线为一边作一个正方形，其面积恰是原正方形面积的2倍，这就容易联想到立方倍积问题；因为作了一些具有一定形状的图形使之与给定图形等积，那么最简单的，能否做一个正方形与给定的圆等积，这就是化圆为方问题.

从表面看，这三个问题并不起眼，似乎很简单，古希腊学者也研究出了各种作法，我们择其一二介绍于后.

比如古希腊数学家阿基米德（Archimedes，公元前287年—公元前212年）的著作中给出过如下的三等分任意角的作法. 已知∠AOB，三等分作法如图4.12.1所示.

图 4.12.1

（1）以点O为圆心，取任意长r为半径作圆与OA所在直线相交于D和D_1两点，与OB相交于点C.

（2）在直尺上标出E，F两点，使$EF=r$. 然后绕点C滑动直尺的位置，使直尺上E，F两点分别落在半圆和AO的延长线上，在此位置上作直线CF.

（3）过O作$OS//CF$，则OS即为所求$\angle AOB$的一条三等分线.

事实上由于$EF=r=OE=OC$，$\angle OCE = \angle CEO$，$\angle EFO = \angle EOF$.

所以$\angle AOB = \angle EFO + \angle OCE = \angle EFO + \angle CEO = \angle EFO + 2\angle EFO = 3\angle EFO$.

即有$\angle AOS = \angle EFO$，所以$\angle AOS = \dfrac{1}{3}\angle AOB$.

再如柏拉图（Plato，公元前427年—公元前347年）曾设计如下方法解决立方倍积问题.

作两条互相垂直的直线，两直线交点为O. 在一条直线上截取$OA=a$，在另一条直线上截取$OB=2a$，这里a是已知立方体的棱长. 在这两条直线上再分别取点C，D，使得$\angle ACD = \angle BDC = 90°$.（具体操作时只要移动两把直角尺，使一把直角尺的一边通过点A，另一把直角尺的一边通过点B，并使两把直角尺的另一边重合，直角顶点分别在两条线上，这时两把直角尺的直角顶点即为点C，D），此时线段OC之长即为所求立方体的一边，如图4.12.2所示.

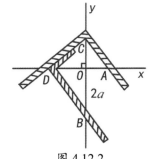

图 4.12.2

事实上，根据直角三角形性质，有

$OC^2 = OA \cdot OD = a \cdot OD$，$OD^2 = OB \cdot OC = 2a \cdot OC$，

从以上两式消去OD，得$OC^3 = 2a^3$.

从而得证了OC的长就是所求立方体的棱长.

如果不限制尺规工具，化圆为方也不是难题.

请看！文艺复兴时期的达·芬奇就给出了一种奇巧的解法：取一个圆柱，使圆柱的底等于已知圆，高是底面圆半径的一半，将圆柱滚动一周，产生一个矩形，这个矩形的面积等于$2\pi R \times \dfrac{R}{2} = \pi R^2$，恰好是已知圆的面积. 再将这个矩形化为正方形，这样，就实现化圆为方了.

以上的阿基米德三等分任意角的作图，貌似尺规作图，其实是在直尺上设置了个"标出等于r的线段的两点"的小动作，实际上相当于用了有刻度的直尺.

柏拉图的立方倍积作图，用两把直角尺并要一边重合确定C，D两点的办法，是不符合尺规作图公法和规则的.

至于达·芬奇化圆为方的作图中，将圆柱滚动一周，产生的矩形长为$2\pi R$，等于作出了等于圆周长的线段，这是只用圆规和直尺不能实现的作图！

近两千年来人们费尽心机找出的以上三大问题的作图法，要么违例，要么犯规，这样一来这三个几何问题日渐笼罩了神秘的色彩，它们也更带有挑战性与刺激性. 比如立方倍积问题就有如下的神话传说：据说，古希腊的雅典曾流行伤寒症，为了消除这个灾难，人们便向德里安的日神（司音乐、诗歌、口才、医药和美术的神）求助. 日神说："若要使疫病不流行，除非把我殿前的立方体香案的体积扩大一倍."听到这个条件雅典人很兴奋，他们认为这极易做到，于是他们把旧香案的各个棱放大一倍，作了一个新的立方体香案，放在日神的面前，结果日神大怒，疫病更加猖獗. 后来雅典人又去向日神求助，方才知道这样做的新香案的体积并不是旧香案的两倍. 那么究竟应该怎样做呢？据说这个问题被送到柏拉图那里，柏拉图又把这个问题交给了几何学家. 正是由于这一点，倍立方体问题也常常被称为德里安问题.

由于众多数学家长期都没有找到以上三个问题的尺规作图方法，人们逐渐怀疑它们是尺规作图不能问题. 直到1837年，法国数学家万芝尔（Wantzel P.L.，1814—1848年）在研究阿贝尔（Abel N.H.，1802—1829年）定理的化简问题时，才证明了三等分任意角和立方倍积这两个问题为尺规作图不能问题. 1882年，德国数学家林德曼（Lindemann F.，1852—1939年）在埃尔米特（Hermite C.，1822—1901年）证明了e是超越数后，证明了π是超越数，从而证明了化圆为方也是尺规作图不能问题. 最后，大数学家克莱因（Klein F.，1849—1925年）在总结前人研究成果的基础上，于1895年在德国数理教学改进社开会时宣读的一篇论文中，给出了三大几何问题用尺规不能解决的简单而明晰的证明，从而使经历2400多年的古希腊几何三大难题对人类智慧的挑战彻底告一段落.

这两千多年的历史告诉我们，数学问题除了找到问题的真相，往往解决其内部问题的过程也推动着数学理论的发展，这是数学作为基础理论发展的一个重要特点.

13. 正多边形地砖铺砌平面

同学们对正方形地砖铺砌地面问题很感兴趣，各小组都进行了实验和探索，取得了一定的成果，并写了小论文. 大家在辅导员王老师的指导下把所有论文综合整理成了一篇文稿，由小强代表大家进行汇报. 小强打开事先做好的课件，绘声绘色地讲了起来.

居室装修，通常用正方形地砖铺砌地面，如图4.13.1(a)所示. 楼前广场，经常用正六边形的地砖来铺砌地面，如图4.13.1(b)所示. 当然有时也用如图4.13.1(c)所示的正三角形地砖，或用正三角形地砖与正六边形地砖组合在一起铺砌地面，如图4.13.1(d)所示.

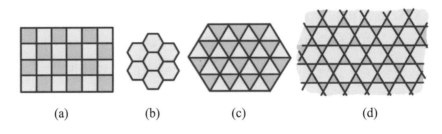

| (a) | (b) | (c) | (d) |

图 4.13.1

问题：能设计出更多用正多边形地砖铺设地面的样式吗？广场也好，室内地面也好，都是平面的一部分. 因此，我们的问题用数学表述是：若干种什么样的正多边形组合在一起能铺砌（无重叠也无缝隙）平面呢？

显然，用正多边形铺砌平面时，所用各种正多边形的边长必须相同. 当相同边重合以后，凑在一个顶点处的各块正多边形的角度和要等于一个周角的度数，这正是我们找到的建模条件，简称条件（T）！

平面几何的知识告诉我们，正n边形每个内角度数为$\dfrac{(n-2)180°}{n}$. 设在某一

点有 k 块边长相同的正多边形砖拼凑在一起，它们的边数分别为 $x_1, x_2, \cdots, x_k$. 则根据条件（T）有

$$\frac{(x_1-2)\times 180°}{x_1} + \frac{(x_2-2)\times 180°}{x_2} + \cdots + \frac{(x_k-2)\times 180°}{x_k} = 360°.$$

即

$$\frac{1}{x_1} + \frac{1}{x_2} + \cdots + \frac{1}{x_k} = \frac{k-2}{2} \qquad ⊛$$

⊛式就是条件（T）的数学模型. 我们集中力量对⊛式进行解析：由于多边形至少有3条边，即 $x_i \geq 3$（$i=1,2,\cdots,k$），由⊛式知 $k-2>0 \Rightarrow k \geq 3$. 于是

$$\frac{k-2}{2} = \frac{1}{x_1} + \frac{1}{x_2} + \cdots + \frac{1}{x_k} \leq \underbrace{\frac{1}{3} + \frac{1}{3} + \cdots + \frac{1}{3}}_{k个} = \frac{k}{3}$$

解得 $k \leq 6$，所以得 $3 \leq k \leq 6$.

因此得出结论：用若干种正多边形地砖铺砌地面时，在每个顶点周围地砖的块数至少3块，最多6块. 这意味着可以用至多不超过6种不同类型的正多边形地砖组合铺砌.

下面我们根据 k 取3，4，5，6，对⊛式分类讨论.

Ⅰ. 当 $k=3$ 时.

由⊛式得 $\dfrac{1}{x_1} + \dfrac{1}{x_2} + \dfrac{1}{x_3} = \dfrac{1}{2}$ ①，它的解记为 (x_1, x_2, x_3).

（1）设 $x_1 = x_2 = x_3$，由①解得 $(x_1, x_2, x_3) = (6,6,6)$.

这表明由同样大小的正六边形可以铺满平面，如图4.13.1（b）所示.

（2）设 x_1，x_2，x_3 中恰有两个数不等，不失一般性，可设 $x_1 = x_2 \neq x_3$. ①式可变为 $\dfrac{2}{x_1} = \dfrac{1}{2} - \dfrac{1}{x_3}$，即 $x_3 = 2 + \dfrac{8}{x_1-4}$.

由 x_3 是正整数，且 $x_3 \geq 3$，知 x_1-4 是8的正约数，

即$x_1-4=1$，或$x_1-4=2$，或$x_1-4=4$，或$x_1-4=8$. 其中$x_1-4=2$时，得$x_1=x_2=x_3=6$.

这种情况在（1）中讨论过，故只需讨论$x_1-4=1$，$x_1-4=4$，$x_1-4=8$，即$x_1=5$，$x_1=8$，$x_1=12$的情形.

当$x_1=5$时，解得$(x_1,x_2,x_3)=(5,5,10)$；

当$x_1=8$时，解得$(x_1,x_2,x_3)=(8,8,4)$；

当$x_1=12$时，解得$(x_1,x_2,x_3)=(12,12,3)$.

由⊛式是正多边形可以铺砌平面的一个必要条件，因此并非①的每一组解都一定合于题设要求，我们需进行验证.

对于（5,5,10）这一组，因为正五边形每个内角为108°，正十边形每个内角为144°，而$2\times108°+144°=360°$，所以在一个正五边形M的每个顶点处必须再铺上另一个正五边形和一个正十边形. 这样一来绕着这个正五边形M必须是正五边形与正十边形相间排列一周，这要求所排的正多边形为偶数个. 但正五边形一周只有五条边与这些正多边形搭界. 因此矛盾！所以（5,5,10）这一组搭配在实际上是不可能存在的.

剩下（8,8,4），（12,12,3）两组解，由①式是轮换对称式，又可分别得解（8,8,4），（8,4,8），（4,8,8），如图4.13.2(a)所示；解（12,12,3），（12,3,12），（3,12,12），如图4.13.2(b)所示.

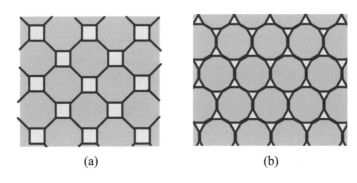

(a)　　　　　　　　　　　(b)

图 4.13.2

值得注意的是，我们从对（5,5,10）不能实现铺砌平面的讨论中发现了三种正多边形铺砌平面的又一结论.

定理：如果三种边数两两不等的正多边形能够铺砌平面，则这三种正多边形的边数都不能是奇数.

证明：设三种边数两两不等的正多边形边数分别为x_1，x_2和x_3，其所对应的正多边形种类为M_1，M_2和M_3，对应的每个内角度数为α_1，α_2，α_3. 由于这三类正多边形可铺砌平面，则由条件（T）得$\alpha_1+\alpha_2+\alpha_3=360°$（其中$\alpha_1$，$\alpha_2$，$\alpha_3$两两不等）.

如果命题结论不成立，则至少有一类正多边形的边数为奇数，不妨设M_1类正多边形的边数为奇数，则如图4.13.3所示的每个顶点必由角α_1和另外的M_2类的一个角α_2和M_3类的一个角α_3拼成. 这时M_1两邻边一条与M_2共边，另一条与M_3共边，造成不同类的正多边形M_2和M_3依次相间地与M_1共边，排成一周，M_2和M_3各占一半，所以与M_1共边的正

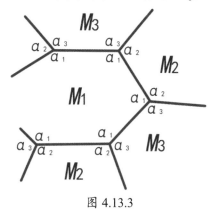

图 4.13.3

多边形为偶数个，但M_1只有奇数条边，结果矛盾！因此，如果三种边数两两不等的正多边形能够铺砌平面，则这三种正多边形的边数都不能是奇数，换言之，必都是偶数.

（3）设x_1，x_2和x_3两两不等，不妨设$x_1<x_2<x_3$. 由①式可得

$$\frac{1}{2}=\frac{1}{x_1}+\frac{1}{x_2}+\frac{1}{x_3}<\frac{1}{x_1}+\frac{1}{x_1}+\frac{1}{x_1}=\frac{3}{x_1},$$

解得$x_1\leqslant5$. 但$x_1\geqslant3$，所以x_1只能取3，4，5. 由上面定理可知$x_1=4$. 将$x_1=4$代入①得$\dfrac{1}{x_2}+\dfrac{1}{x_3}=\dfrac{1}{4}$（$5\leqslant x_2<x_3$），

$$\frac{1}{4}=\frac{1}{x_2}+\frac{1}{x_3}<\frac{1}{x_2}+\frac{1}{x_2}=\frac{2}{x_2}, \quad 解得\ x_2<8.$$

x_2必须是不小于5的偶数，所以$x_2=6$，进而推得$x_3=12$.

所以得到$(x_1,x_2,x_3)=(4,6,12)$. 由轮换对称得x_1，x_2，x_3两两不等的全部解为$(4,6,12)$，$(4,12,6)$，$(6,4,12)$，$(6,12,4)$，$(12,6,4)$，$(12,4,6)$，它们铺砌平面的方法如图4.13.4所示.

Ⅱ.当$k=4$时.

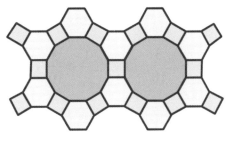

图 4.13.4

由⊛式可得

$$\frac{1}{x_1}+\frac{1}{x_2}+\frac{1}{x_3}+\frac{1}{x_4}=1 \ (x_i \geqslant 3, \ i=1,2,3,4) \quad ②$$

易知(4,4,4,4)是②的一组解.

同时当$x_1>4$，$x_2>4$，$x_2>4$，$x_4>4$时，$\dfrac{1}{x_1}+\dfrac{1}{x_2}+\dfrac{1}{x_3}+\dfrac{1}{x_4}<\dfrac{1}{4}+\dfrac{1}{4}+\dfrac{1}{4}+\dfrac{1}{4}=1.$

此时②无解. 所以只需从x_1，x_2，x_3，x_4中等于3的个数去试算，看还有无其他的解. 试算后知，若$x_1 \leqslant x_2 \leqslant x_3 \leqslant x_4$，还有(3,3,6,6,),(3,4,4,6),(3,3,4,12)都是②的解，其中(4,4,4,4)，(3,3,6,6)的铺砌已分别如图4.13.1中的(a)和(d)所示. 其余两种情况(3,4,4,6)，(3,3,4,12)分别如图4.13.5(a)，(b)所示.

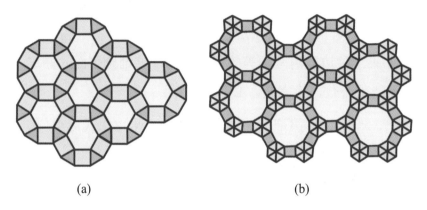

(a)   (b)

图 4.13.5

III. 当$k=5$时.

由⊛式可得

$$\frac{1}{x_1}+\frac{1}{x_2}+\frac{1}{x_3}+\frac{1}{x_4}+\frac{1}{x_5}=\frac{3}{2} \ (x_i \geqslant 3, \ i=1,2,3,4,5) \quad ③$$

设$x_1 \leqslant x_2 \leqslant x_3 \leqslant x_4 \leqslant x_5$，则$\dfrac{1}{x_1} \geqslant \dfrac{1}{x_2} \geqslant \dfrac{1}{x_3} \geqslant \dfrac{1}{x_4} \geqslant \dfrac{1}{x_5}$. 根据平均数原理，至少有一个数不小于$\dfrac{3}{10}$，则必有$\dfrac{1}{x_1} \geqslant \dfrac{3}{10}$，从而$x_1 \leqslant \dfrac{10}{3}$，知$x_1=3$. 则$\dfrac{1}{x_2}+\dfrac{1}{x_3}+\dfrac{1}{x_4}+\dfrac{1}{x_5}=\dfrac{3}{2}-\dfrac{1}{3}=\dfrac{7}{6}$.

同样根据平均数原理，可得$\dfrac{1}{x_2} \geqslant \dfrac{7}{24} \Rightarrow x_2 \leqslant \dfrac{24}{7}$，所以$x_2=3$.

这时$\dfrac{1}{x_3}+\dfrac{1}{x_4}+\dfrac{1}{x_5}=\dfrac{7}{6}-\dfrac{1}{3}=\dfrac{5}{6}$.

同样根据平均数原理，可得$\dfrac{1}{x_3}\geqslant\dfrac{5}{18}\Rightarrow x_3\leqslant\dfrac{18}{5}$，所以$x_3=3$.

此时$\dfrac{1}{x_4}+\dfrac{1}{x_5}=\dfrac{5}{6}-\dfrac{1}{3}=\dfrac{1}{2}$.

由平均数原理，可得$\dfrac{1}{x_4}\geqslant\dfrac{1}{4}\Rightarrow x_4\leqslant 4$. 又$x_4\geqslant 3$，所以得$x_4=3$或$x_4=4$.

当$x_4=3$时，$x_5=6$；当$x_4=4$时，$x_5=4$.

所以③的解（x_1,x_2,x_3,x_4,x_5）$(x_1\leqslant x_2\leqslant x_3\leqslant x_4\leqslant x_5)$是$(3,3,3,4,4)$，$(3,3,3,3,6)$.

它们对应的铺砌方法如图4.13.6(a)，(b)所示.

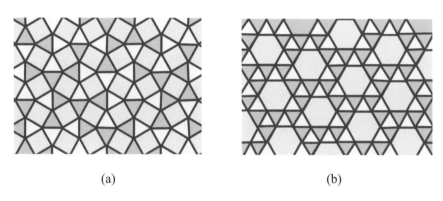

(a)   (b)

图 4.13.6

Ⅳ.当$k=6$时，由※式可得

$$\dfrac{1}{x_1}+\dfrac{1}{x_2}+\dfrac{1}{x_3}+\dfrac{1}{x_4}+\dfrac{1}{x_5}+\dfrac{1}{x_6}=2\ (x_i\geqslant 3,\ i=1,2,3,4,5,6)\cdots\cdots④$$

易知④仅有解$(3,3,3,3,3,3)$. 其对应的铺砌方法已如图4.13.1(c)所示.

到此，用正多边形铺砌平面的问题有了完满的解答. 只有如图所示的11种铺砌方法.

14. 一道做了两千年的证明题

最后大家以热烈的掌声欢迎霍校长讲话. 霍校长是一位数学教育家、数学科普作家，虽然已到耄耋之年，但他身体健壮，讲话清脆悦耳，而且非常平易近人.

大家度过了一个十分有意义的暑假，在现实的几何园地参观漫游，生动有趣，这是一次围绕几何知识展开的成功的研学行夏令营. 一个多月的活动，大家虽然晒黑了，但是增长了知识，强健了体魄，增强了团队意识，提高了对几何学以及科学的兴趣，为进一步学习开了个好头.

从人类活动开始，就有了对形的认识，几何学也开始萌芽. 人类逐渐积累了面积、体积、测高望远等许多知识和方法. 几何学这个词的希腊文原意即为"大地测量". 人们需要对长期积累的数学知识进行梳理分类，以便于应用. 从世界范围看，延续至今内容最完整的数学著作，一是中国的《九章算术》，这部著作进行了非常实用的结构化知识梳理，共总结了246个数学问题，其中方田、勾股两章专门讲解几何问题. 二是欧几里得的《几何原本》，它汇集了从公元前6世纪到公元前3世纪，众多学者如泰勒斯、毕达哥拉斯、柏拉图、亚里士多德等人的研究成果，最后由欧几里得集前人之大成，又加入了自己独特的工作，完成了这部出色的巨著.《几何原本》至今流传了两千多年，成为人类历史上发行量最大、版本最多、流传时间最长、影响面最广的一部数学著作.

《几何原本》全书共13卷. 在第一卷列出了23个有关概念的定义，列举了5个公设和5个公理，其中公理是适用于一切科学的真理，公设是只对几何对象使用的不加证明直接采用的真理. 5条公设如下：

Ⅰ.从任一点到一点作直线是可能的.

Ⅱ.将有限直线不断循直线延长是可能的.

Ⅲ.以任一点为中心和任一距离为半径作一圆是可能的.

Ⅳ.所有直角彼此相等.

Ⅴ.若一直线与两直线相交,且若同侧所交两内角之和小于两个直角,则两直线无线延长后必相交于该侧的一点.

仔细分析《几何原本》的逻辑结构,不难看出,欧几里得显然要以一些定义、公设和公理作为基础,然后靠着严密的逻辑推理去导出一切几何命题,这种构思就是欧几里得的重大贡献.这其实是后来公理化方法的雏形.这个特点被大科学家牛顿赞为"几何学的光荣".牛顿仿照这一方法,写出了《自然哲学之数学原理》,构建了牛顿力学的体系.正是这种对严密性的追求,促进了科学的发展.

其实,欧几里得的《几何原本》并非完美无瑕,比如它的许多定义是描述式的,含糊其词的;有几十处借助"直观显然",使用了一些"尚未发觉的假设".最为重要的是《几何原本》的第Ⅴ公设引起人们广泛注意,原因是第Ⅴ公设的叙述不像其他公设那样"不证自明",原本前28个定理的证明中欧几里得迟迟没有使用第Ⅴ公设,使人们感觉欧几里得也尽量不想使用它.于是人们怀疑,第Ⅴ公设会不会是个定理,可以用其余的公设推证出来?人们普遍认为,将一个可能是定理的命题列为公设,这也是《几何原本》的一大缺陷.这引起了人们对"第Ⅴ公设问题"的长期研究,这个问题也成为一道做了两千年的证明题.

两千年中,人们对第Ⅴ公设的证明方法虽然不同,但都是从正面设法找到证明的根据.尽管不止一次被人们宣布证明成功,但又无一例外都出了毛病,在证明中,这些"成功者"或明或暗地,自觉或不自觉地使用了"代替第Ⅴ公设的公设"——第Ⅴ公设的等价命题.这些等价命题主要有:

三角形三个内角之和等于两个直角;

每个三角形内角之和都相同;

存在两个相似而不全等的三角形;

直角三角形两个直角边的平方和等于斜边的平方;

过不在一直线上的三点可以作一个圆；

平行于已知直线的直线，与已知直线的距离处处相等；

在一个平面上，过已知直线外的一点只能引出一条直线与已知直线不相交.

其中最后一个命题就是所谓的"平行公理"，一个叫普利菲尔（John Plyfair，1748—1819年）的数学家在核定欧几里得的《几何原本》（1795年爱丁堡出版）时首次采用这个命题代替了第Ⅴ公设，因此也被后人叫作普利菲尔公理.

差不多两千年的几何学都不能从正面证明第Ⅴ公设，这必然引起人们新的思考：是否第Ⅴ公设本身就是个在本系统中不能证明的命题？与它矛盾的命题也不会产生矛盾？考虑在不存在第Ⅴ公设的情况下，会有什么样的几何关系？于是也就出现了在假设不存在第Ⅴ公设的情况下，进行反证的尝试，尝试的结果打开了人类进入"全新宇宙空间的时空隧道"！

在进行一系列不存在第Ⅴ公设的反证法路线的尝试中，取得最大成就的是俄罗斯学者罗巴切夫斯基（1792—1856年）. 1826年罗巴切夫斯基宣读了自己的论文《平行线理论和几何学原理概论及证明》. 他肯定了"第Ⅴ公设是不能从其余命题推出的"，同时，在此基础上他由"绝对几何（只使用前4个公设，不使用第Ⅴ公设演绎的几何）"沿着"过直线外一点至少有两条直线与已知直线不相交"这一思路向前思索，得出了诸如"三角形内角和小于180°"等一列全新的命题，而不产生逻辑矛盾！罗巴切夫斯基确认这个由"绝对几何"加上"反第Ⅴ公设"为基础构成的逻辑体系，也是一种可以成立的几何学，罗巴切夫斯基本人后来称这种几何为"虚几何学".

由公理Ⅰ—Ⅴ和罗氏平行公理，以及它们的一切推论所演绎的几何叫作罗巴切夫斯基几何学，简称罗氏几何.

在罗氏几何中出现了完全不同于欧氏几何的性质，这时屏幕上出现了一个表格，列举了欧氏几何与罗氏几何的几条主要区别.

罗巴切夫斯基
（1729—1856 年）

欧氏几何的性质	罗氏几何的性质
三角形内角和等于180°	三角形内角和小于180° 并且不同的三角形有不同的内角和
凸四边形的内角和等于360°	凸四边形的内角和小于360°
存在矩形	不存在矩形
存在相似形	不存在相似形
两个三角形三个对角对应相等，则这两个三角形相似	两个三角形三个对角对应相等，则这两个三角形全等
两平行线间的距离处处相等	两平行线间的距离，沿平行线的方向越来越小
垂直于锐角一条边的直线必与角的另一条边相交	垂直于锐角一条边的直线不一定与角的另一条边相交
……	……

罗氏几何的奇异性质激起了营员们惊异的目光和小声议论.

一些重大的科学成果被"许多人都互不相关地独立做出"，这种"科学成果收获的季节性现象"称为"科学的紫罗兰现象"，是一种科学史上屡见不鲜的必然现象. 对于非欧几何的发现，除了罗巴切夫斯基，同时还有"数学王子"高斯（1777—1855年）和匈牙利数学家鲍耶（Janos Bolyai，1802—1860年）.

高斯研究了30多年，取得了非欧几何的研究成果. 由于怕受到"世俗偏见的愚人的叫嚷"，以及"对于被卷入争论的漩涡非常反感"，所以高斯的非欧几何研究成果在他生前并未公诸于世.

匈牙利数学家鲍耶曾将关于非欧几何的研究成果寄给高斯，高斯看后回信表示"所使用的方法以及所达到的结果，几乎完全与我心中已经深思熟虑了30~35年的一切心得相符合，这一点使我大为震惊". 这样的结果使鲍耶大失所望，此后，他再也没有发表过数学论文.

罗氏几何的性质与人们生活范围内的常识相悖，与当时宗教和哲学意识相左，必然会遭到世俗保守势力的嘲笑和攻击. 当时俄罗斯总主教菲拉列特宣布罗巴切夫斯基的学说是邪说，有人在报纸上发表文章对罗巴切夫斯基进行谩骂，甚至有人说罗巴切夫斯基是疯子. 一位叫福斯的院士评价罗巴切夫斯基的著作是"革命的疯狂"的表现.罗巴切夫斯基面对世人的这些攻击没有丝毫动摇,反而更加坚定"走自己的路",始终不渝地坚持自己的观点,勇往直前地捍卫、完善自己的成果.

如何证明罗氏几何体系的无矛盾性呢?数学家们首先还是采用思维实验的方法,看能否构建一个模型,实现"过直线外一点至少有两条直线与已知直线不相交"这种事实.通过数学家的努力,找到了至少3种模型,其中最简单的是如下的一种.这时屏幕上映出了如图4.4.1所示的美丽画面.

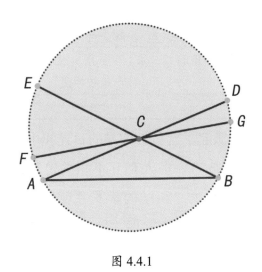

图 4.4.1

在所画的圆中,

点:圆内的点称为"点";

直线:圆中的弦(不含端点)称为"直线";

平面:圆内的部分(不含圆周)称为"平面".

从图中可以清楚地看到:过直线AB外一点C,可以有两条直线AD,BE与已知直线AB不相交.因而在AD,BE之间有无数条过点C的直线(如FG是其中的一条)与已知直线AB不相交,就是这种简单、精彩的模型,使人们确认了罗巴切夫斯基几何体系的无矛盾性.

罗巴切夫斯基从理论上发现了不同于欧氏几何的新的几何体系.表明欧氏几何并不是在经验可证实的范围内描述物质空间性质的唯一几何。非欧几何的新思想和新体系的建立,是几何学发展史中一次划时代的理论贡献。因此,历史公正地将创建非欧几何的荣誉赠给了罗巴切夫斯基. 罗巴切夫斯基被誉为"几何学中的哥白尼".

非欧几何的诞生使人类数学观念发生了飞跃式变化,还带来了世界观和方法论方面的深刻变革. 在我们了解宇宙方面也是一次革命.

1976年后,中国迎来了科学的春天. 北京少年宫为首都中学生举办的首场科普讲座——梅向明教授的报告"三角形内角和等于180°吗?",激起了那个时代青少年学习知识并向科学求索的精神. 今天,我们再谈非欧几何诞生的历史,引领大家了解一个奇异有趣的几何新世界,传递科学进取的精神,激励青少年一代,现在要当小科学家,努力学习,长大投身到基础理论研究中,立志要做大科学家,勇攀现代科技高峰,坚定道路自信,为实现中华民族伟大复兴贡献力量.

谢谢!

****

顿时,会场响起热烈的掌声和欢快的乐曲!营员代表为敬爱的老校长敬献鲜花、佩戴少先队红领巾. 大家簇拥在老校长身旁与各位老师、辅导员一起合影!银幕上放映着夏令营活动的精彩画面. 在《我们是共产主义接班人》的嘹亮乐曲声中,这次以几何学科为内容的研学行夏令营胜利闭营.

几何的荣光 1

一、透过图形看世界

二、眼见之实未必真

三、点线构图基本功

四、图形剪拼奥妙多

五、勾股定理古与今

几何的荣光 2

一、三角形的内外角

二、最短线的巧应用

三、面积方法简妙奇

四、三角形中的变换美

五、量天测地相似形